JN147385

藤井光昭 著

統計学 One Point 7

暗号と乱数

乱数の統計的検定

共立出版

「統計学 One Point」編集委員会

鎌倉稔成　（中央大学理工学部，委員長）

江口真透　（統計数理研究所）

大草孝介　（九州大学大学院芸術工学研究院）

酒折文武　（中央大学理工学部）

瀬尾　隆　（東京理科大学理学部）

椿　広計　（独立行政法人統計センター）

西井龍映　（九州大学マス・フォア・インダストリ研究所）

松田安昌　（東北大学大学院経済学研究科）

森　裕一　（岡山理科大学経営学部）

宿久　洋　（同志社大学文化情報学部）

渡辺美智子　（慶應義塾大学大学院健康マネジメント研究科）

「統計学 One Point」刊行にあたって

まず述べねばならないのは，著名な先人たちが編纂された共立出版の『数学ワンポイント双書』が本シリーズのベースにあり，編集委員の多くがこの書物のお世話になった世代ということである．この『数学ワンポイント双書』は数学を理解する上で，学生が理解困難と思われる急所を理解するために編纂された秀作本である．

現在，統計学は，経済学，数学，工学，医学，薬学，生物学，心理学，商学など，幅広い分野で活用されており，その基本となる考え方・方法論が様々な分野に散逸する結果となっている．統計学は，それぞれの分野で必要に応じて発展すればよいという考え方もある．しかしながら統計を専門とする学科が分散している状況の我が国においては，統計学の個々の要素を構成する考え方や手法を，網羅的に取り上げる本シリーズは，統計学の発展に大きく寄与できると確信するものである．さらに今日，ビッグデータや生産の効率化，人工知能，IoT など，統計学をそれらの分析ツールとして活用すべしという要求が高まっており，時代の要請も機が熟したと考えられる．

本シリーズでは，難解な部分を解説することも考えているが，主として個々の手法を紹介し，大学で統計学を履修している学生の副読本，あるいは大学院生の専門家への橋渡し，また統計学に興味を持っている研究者・技術者の統計的手法の習得を目標として，様々な用途に活用していただくことを期待している．

本シリーズを進めるにあたり，それぞれの分野において第一線で研究されている経験豊かな先生方に執筆をお願いした．素晴らしい原稿を執筆していただいた著者に感謝申し上げたい．また各巻のテーマの検討，著者への執筆依頼，原稿の閲読を担っていただいた編集委員の方々のご努力に感謝の意を表するものである．

編集委員会を代表して　鎌倉稔成

まえがき

乱数については統計学の分野において，古くからよく論じられてきており，大学での統計学に関連した講義の中でも取り上げられてきている（例えば教科書としては [7]，[5]，[22] 等）．本書ではこの乱数についての一般論を論じようとするものではない．本書で取り上げようとしているのは，統計学の世界において今まであまり馴染みの深くない一つの分野での乱数の使用とそれから発生する統計学上の問題の紹介である．

本書で議論の対象となる応用の分野は「暗号」の世界である．近年通信システムにおいてセキュリティの問題は注目を集めている（[21]，[15] 等）．ある秘匿の必要があるメッセージ等を送信しようとするとき，第三者がそれを手に入れて判読しようとしても不可能なようにし，送信の相手がそれを受け取ったとき，もとの文章が得られるようにするために，種々の方策が考案されている．この方策には数学的な表現を用いれば大まかにいって代数的な方策と乱数を用いる方策がよく議論されているようである．本書ではこのうち乱数を用いる方策を取り上げ，ここで用いる乱数に関する統計学上の問題を議論する．我が国においても情報セキュリティの研究や業務等に携わっておられる方々は多くおられ，その方々の間ではこの方面の問題についても熱い議論が交わされている（[23]，[6] 等）．本書では，用いる乱数に関する統計学上の問題についてそれを統計学の観点から紹介を行い，その一部について筆者らが行ってきている解決法を述べることにする．

本文中，「**統計理論 Note**」と記して，本書を読み進んでいただく上で必要となる統計学の概念や用語を説明した部分がある．統計学における概念や用語の一般的な説明ではなく，本書の内容に即した形で説明したつもりである．統計学にあまり馴染みのない方にそのあとに続く内容をよりよくご理解いただきたいと願ってつけたものである．したがって統計学の知識をお持ちの方は，その部分を読み飛ばしていただきたい．なお統計学における概念や用語について，本文において最初に出てきた箇所に統計理論Noteをつけることはしないで，関連する概念や用語をまとめて後ほどつけたところがある．もし必要になった場合には索引を利用していただくなどしてご利用いただきたいと願っている．さらに詳しい知識等が必要の場合においては[20]等を参考にしていただきたい．

本書の内容は2002年度から2006年度において中央大学が研究拠点となって行われた文部科学省21世紀COEプログラム「電子社会の信頼性向上と情報セキュリティ」（拠点リーダー 辻井重男教授）において推進された研究が基となっている．中央大学において統計学の研究に携わっている教授（当時）もこのプログラムの事業推進担当者として加わった．この推進担当者を中心に統計グループとして活動を行った．このグループには杉山高一，鎌倉稔成，渡辺則生の各教授（当時）と筆者および竹田裕一 21世紀COEプログラム研究員（当時）や若い研究者・大学院学生が加わり，定期的に研究会を開催した．そしてこの21世紀COEプログラム終了後も研究を進めてきた．統計グループの皆様といろいろご指導いただいた拠点リーダーの辻井重男教授には心から感謝申し上げたい．

アメリカ国立標準技術研究所 (National Institute of Standards and Technology(NIST)) の統計工学部門 (Statistical Engineering Department) の Andrew Leo Rukhin博士（メリーランド大学名誉教授）は上記COEプログラムでお招きし講演していただいたが，それ以来，筆者は同博士と種々の研究交流を続けてきている．今回本書の原稿作成にあたって主として3.2節「NISTによる一組みの乱数性の統計的検定方法」を執筆の際に，筆者の疑問点に親切にご回答いただいたり種々の面でご支援をいただいた．厚く感謝申し上げたい．

グループとして研究活動を進めてきているが，皆様のご了解を得て，主として関連したテーマの研究を進めてきた一人の藤井光昭が本書の執筆を担当することになった．しかし，本書の内容等は統計グループの皆様の多大なご協力なしにはでき得なかったものである．特に竹田裕一氏（神奈川工科大学准教授）とはこの21世紀COEプログラムの当初から共同で研究を進めてきている．本書で学会誌より引用するシミュレーションとその結果は竹田裕一准教授によるものである．竹田裕一准教授と統計グループの皆様に深い感謝の意を表したい．

原稿の段階で本書をお読みくださり，辻井重男教授（中央大学 研究開発機構．東京工業大学名誉教授．元 情報セキュリティ大学院大学学長）とその研究グループのお一人である五太子政史氏（中央大学 研究開発機構 客員研究員）からは大変貴重なご意見をいただき，原稿の改善に大いに役立てさせていただき，誠にありがたかった．辻井重男教授はわざわざ私のために研究会を開催してくださり，ご出席の皆様からは私にいろいろご質問等をいただいた．これらのご質問等は執筆の上で大変参考になった．皆様に心より御礼申し上げたい．

本書の刊行にあたり，このシリーズの編集委員長の中央大学の鎌倉稔成教授と共立出版編集部にはいろいろの面で大変お世話になった．厚く御礼申し上げたい．

2018 年 2 月

藤井光昭

目　　次

第 1 章

2進法の世界における確率法則

1.1　2進法での演算規則

本章では乱数を用いて暗号化して送信する際に生じる統計的問題を議論するために，その取り扱いの基本となる確率法則について通常とは少し異なるため，その基本法則を述べることにする．

秘匿の必要がある文章等（以下ではこれを簡単に**メッセージ**と呼ぶことにする）の文字の送信は0か1を何個か組み合わせたものを基本として行うこととする．使用言語の1文字を表すのに0か1を何個か用いて表現する．日本語の「あ」を例えば "0000001" で「い」を例えば "0000010" で表すようなものである．いずれも0か1の7数字を用いている．以下において，0か1を用いて何個で表すかという個数の単位を**ビット (bit)** と呼んでいくことにする．このとき「あ」を "0000001" という7個のビットで表すように，問題としている0か1の並びのビットの個数を**長さ (length)** と呼んでいくことにする．また，各ビットが0か1で構成される数列を簡単に **0・1 数列**と呼んでいくことにする．上の例では「あ」を長さ7のビットで表現したことになる．例えば上の例で「あい」を送信する際には

$$0,0,0,0,0,0,1,\ \ 0,0,0,0,0,1,0$$

またはコンマを省略して別表記として

$$00000010000010$$

と14ビットで送信することになる．以下において，原則として0か1の数字の間（ビットとビットの間）にコンマを入れた表記にすることにする．また後ほど数学的な議論の展開を行う際にベクトル表示を用いるが，一般的な議論の展開の際には敢えてベクトル表示にする必要もなく，$0,0,0,0,0,0,1,\ 0,0,0,0,0,1,0$ のままで記述することにする．

これから取り扱う数字は0か1である．本書で扱う乱数（詳しい定義は後述する）列も0か1で構成されるものである．例えば上述の「あい」というメッセージに同じ14ビットの乱数

$$1,0,0,1,0,1,1,\ 1,0,0,1,0,1,1$$

を加える場合にはメッセージの1ビット目に乱数列の1ビット目を加え，メッセージの2ビット目に乱数列の2ビット目を加える $\cdots$，ということが行われるが，この際には上記の例では

$$0+1,\quad 0+0,\quad 0+0,\quad 0+1,\quad 0+0,\quad 0+1,\quad 1+1,$$
$$0+1,\quad 0+0,\quad 0+0,\quad 0+1,\quad 0+0,\quad 1+1,\quad 0+1$$

という演算が必要になる．これを2進法で行う．

この0か1の世界において，2進法での演算の規則は次の通りである．演算は加法と減法のみを考えていくが，まず加法としては

$$0+0=0,\quad 0+1=1+0=1,\quad 1+1=0 \tag{1.1}$$

とする．そして減法としては，a,b,x を0か1を表す数字とするとき，上の加法の演算規則を用いて

$$a+x=b$$

となる x を $x=b-a$ と表すことにする．具体的には

$$0-0=1-1=0,\quad 0-1=1-0=1 \tag{1.2}$$

である．0 か 1 からなる共に長さ L の数列 S_1 と S_2 があるとき，S_1 の l $(1 \leq l \leq L)$ ビット目の数と S_2 の l ビット目の数を規則 (1.1) に従って加えた数を l ビット目の数とする数列（**数列の和**）を $S_1 + S_2$ と表すことにする．規則 (1.2) を用いて $S_1 - S_2$ も同様に定義する．数列 S, S_1 の第 i 要素（i ビット目）を表すのにそれぞれ $S_i, S_{1,i}$ と記すことにする．

1.2　2 進法での確率法則

これから確率を用いた議論に進むことにする．確率変数 X と Y は互いに独立で，共に 0 か 1 の値をとり，

$$P(X=0)=P(X=1)=\frac{1}{2}, \quad P(Y=0)=P(Y=1)=\frac{1}{2}$$

とする．

統計理論 Note

確率変数 X と Y が互いに**独立 (independent)**（二つの確率変数の）とは，a, b を 0 か 1 を表す数字とするとき，いかなる a, b の値に対しても

$$P(X=a, Y=b) = P(X=a)P(Y=b) \tag{1.3}$$

が成り立つことである．本書では乱数，メッセージ，受信信号等を確率に従う変数，すなわち確率変数等で表して議論を進めていくから，全て 0 か 1 をとる確率変数である．式 (1.3) は確率変数の独立の定義であって，一般的には事象の概念を用いたり確率密度関数を用いるなどして別の形で定義される．しかし，基本的に意味は同じである．本書で取り扱う範囲においては，確率変数 X と Y が互いに独立であるとは，基本的な部分を具体的に表現すると

$$\begin{cases} P(X=0, Y=0) = P(X=0)P(Y=0), \\ P(X=0, Y=1) = P(X=0)P(Y=1), \\ P(X=1, Y=0) = P(X=1)P(Y=0), \\ P(X=1, Y=1) = P(X=1)P(Y=1) \end{cases} \tag{1.4}$$

が成り立つことである．しかし，

$$P(X=0, Y=0) = P(X=0)P(Y=0) \tag{1.5}$$

が成り立つとすると，

$$
\begin{aligned}
P(X=0,Y=1) &= P(X=0) - P(X=0,Y=0) \\
&= P(X=0) - P(X=0)P(Y=0) \\
&= P(X=0)\,(1-P(Y=0)) \\
&= P(X=0)P(Y=1)
\end{aligned}
$$

として式 (1.4) の第2式が得られる．同様にして

$$
\begin{aligned}
P(X=1,Y=0) &= (1-P(X=0))\,P(Y=0) \\
&= P(X=1)P(Y=0), \\
P(X=1,Y=1) &= P(X=1)\,(1-P(Y=0)) \\
&= P(X=1)P(Y=1)
\end{aligned}
$$

により，式 (1.4) の第3，4式が得られる．したがって数学的には，本書で二つの確率変数 X と Y を扱うときの確率変数の独立の定義の基本的な部分としては，式 (1.5) だけでよいということになる．しかし，直感的には確率変数 X と Y の独立の意味は式 (1.3) または式 (1.4) の方が分かりやすいかもしれない．

このとき $U = X + Y$ の確率分布を求めてみよう．X が0か1をそれぞれ確率1/2でとり，Y も0か1をそれぞれ確率1/2でとるとする．X と Y についてこれら値のとり方の全ての組み合わせ（4通り）を考えればよい．2進法での和を考えているから，U のとる値は0か1で，0の値をとる場合は X が0をとり Y が0をとる場合か，または X が1をとり Y が1をとる場合かのいずれかであり，これらは同時に起きなくて互いに**排反** **(disjoint)** である．したがって

$$
\begin{aligned}
P(U=0) &= P(X=0,Y=0) + P(X=1,Y=1) \\
&= P(X=0)P(Y=0) + P(X=1)P(Y=1) \\
&= \frac{1}{2}\times\frac{1}{2} + \frac{1}{2}\times\frac{1}{2} = \frac{1}{2}
\end{aligned}
$$

となる．同様に U が1をとる場合は X が0をとり Y が1をとる場合か，または X が1をとり Y が0をとる場合かのいずれかであり，これらは同時に起きなくて互いに排反であるから

$$\begin{aligned} P(U=1) &= P(X=0,Y=1)+P(X=1,Y=0) \\ &= P(X=0)P(Y=1)+P(X=1)P(Y=0) \\ &= \frac{1}{2}\times\frac{1}{2}+\frac{1}{2}\times\frac{1}{2}=\frac{1}{2} \end{aligned}$$

となる．すなわち和 U も 0 か 1 の値をそれぞれ確率 1/2 でとる確率変数となる．

X も Y も U も 0 か 1 の値を確率 1/2 でとる一様分布に従う確率変数である．つまり独立な一様分布に従う確率変数を加えて得られた確率変数はまた一様分布に従っている．これは 2 進法を扱っているからである．

統計理論 Note

2 進法でない一般的な確率変数を扱う場合においては，一様分布に従う独立な確率変数 X, Y の和 $U = X + Y$ の確率分布は一般的に一様分布ではない．例えば 2 回のさいころ投げを独立に行う場合を考えてみる．1 回目に出る目の値を X，2 回目に出る目の値を Y とする．そして X, Y の確率分布は共に 1 から 6 の目をそれぞれ確率 1/6 でとる（一様分布）ものとする．このとき，その和 $U = X + Y$ の確率分布を調べてみる．$U = 12$ となるのは $X = 6, Y = 6$ のときのみで確率は

$$\begin{aligned} P(U=12) &= P(X=6,Y=6)=P(X=6)P(Y=6) \\ &= \frac{1}{6}\times\frac{1}{6}=\frac{1}{36} \end{aligned}$$

である．一方 $U = 7$ となるのは

$$\begin{aligned} &(X=1,Y=6),\quad (X=6,Y=1),\quad (X=2,Y=5),\\ &(X=5,Y=2),\quad (X=3,Y=4),\quad (X=4,Y=3) \end{aligned}$$

の組み合わせであり，これらは互いに同時には生じないから

$$\begin{aligned} P(U=7) &= P(X=1,Y=6)+P(X=6,Y=1)+P(X=2,Y=5)\\ &\quad +P(X=5,Y=2)+P(X=3,Y=4)+P(X=4,Y=3)\\ &= P(X=1)P(Y=6)+P(X=6)P(Y=1)+P(X=2)P(Y=5)\\ &\quad +P(X=5)P(Y=2)+P(X=3)P(Y=4)+P(X=4)P(Y=3)\\ &= \frac{1}{6}\times\frac{1}{6}+\frac{1}{6}\times\frac{1}{6}+\frac{1}{6}\times\frac{1}{6}+\frac{1}{6}\times\frac{1}{6}+\frac{1}{6}\times\frac{1}{6}+\frac{1}{6}\times\frac{1}{6}\\ &= \frac{1}{6} \end{aligned}$$

となり $U = 12$ のときの確率とは異なり，一様分布ではない．

第 2 章

乱数を用いての暗号化送信における統計的問題

2.1　送信と統計的表現

本章では，乱数を用いてのメッセージの送信の際に生じる統計的問題について述べることにする．

メッセージに用いる 1 文字は m ビットの 0 か 1 で表現されている数字とする．ξ_i を i ビット目の 0 か 1 を表す変数とする．本書では，この m ビットの 0 か 1 の組みを文章に従って次々とつないででき上がる 0 か 1 の数列を

$$
\begin{aligned}
\xi^{seq} &= \{\xi_1, \xi_2, \cdots\}\ (\text{無限個}) \\
&= \{\xi_i; 1 \le i\} \\
&= \{\xi_i\}
\end{aligned}
$$

または

$$
\begin{aligned}
\xi^{seq}(1:n) &= \{\xi_1, \xi_2, \cdots, \xi_n\}\ (\text{有限個}) \\
&= \{\xi_i; 1 \le i \le n\}
\end{aligned}
$$

といずれかの表記を，文章中の前後関係により適宜用いることにする（以下，乱数の数列 Z^{seq}，送信信号の数列 X^{seq} 等においても同様の表記を用いることにする）．例えばメッセージ「わたくしは」を表現するとき，$m = 7$ として「わ」，「た」，「く」，「し」，「は」がそれぞれ

$$0,1,0,1,1,1,0 \quad 0,0,1,0,0,0,0 \quad 0,0,0,1,0,0,0$$
$$0,0,0,1,1,0,0 \quad 0,0,1,1,0,1,0$$

で表されているとする．このとき

$$\begin{aligned}\xi^{seq}(1:35) &= \{0,1,0,1,1,1,0,\ 0,0,1,0,0,0,0,\ 0,0,0,1,0,0,0,\\ &\qquad 0,0,0,1,1,0,0,\ 0,0,1,1,0,1,0\}\\ &= \{\xi_1,\xi_2,\xi_3,\cdots,\xi_{35}\}\end{aligned}$$

である．これをそのまま送信したとする．ここでは統計的な面からの扱いのみを議論していくことにする．

今度は逆に上述のような $\xi^{seq}(1:n)$ を受信した側から考えてみる．関係のない第三者がそれを解読しようとする場合を考えてみる．各文字を表すビットの長さ m が未知の場合はまずそれを推定する必要がある．m が既知の場合には長さ n の $\xi^{seq}(1:n)$ を m ビットごとに区切って m ビットの 0 か 1 からなるパターンの出現頻度などを調べる．一方，メッセージに用いる言語の各文字の文章中における出現頻度がすでに別の調査等によって分かっている場合を考える．この場合には m ビットの 0 か 1 からなるパターンの出現頻度と別の調査等によって分かっている各文字の文章中における出現頻度との比較を行うなどのことによりメッセージを読み解くヒントを得られてしまう．したがってメッセージを秘匿にすることが不可能になる．

そこで送信の際には，$\xi^{seq}(1:n)$ と同じ長さ n の乱数列 $Z^{seq}(1:n) = \{Z_1, Z_2, \cdots, Z_n\}$ を加えて送信信号

$$\begin{aligned}X^{seq}(1:n) &= \{X_1, X_2, \cdots, X_n\}\\ &= \xi^{seq}(1:n) + Z^{seq}(1:n) \qquad (2.1)\end{aligned}$$
$$(\text{すなわち } X_i = \xi_i + Z_i \ \ (1 \le i \le n))$$

を作成し，$X^{seq}(1:n)$ を送信することにする．演算の規則は 2 進法によるものである．この場合の乱数または乱数列とはどのように考えればよいだろうか．**乱数 (random numbers)** は確率論的表現を用いれば「0 か 1

がそれぞれ確率 1/2 で出現し，各ビットの値が（確率論の意味で）独立に出現する」（という場合の実現値の系列）ということになる．ところがこれから議論を行うのは，実験などをして得られた具体的な 0 か 1 の有限個の数値の列である．例として，ある乱数生成器により $n = 35$ で

$$Z^{seq}(1:35) = \{1,1,1,0,0,0,0,\ 1,0,0,0,0,0,1,\ 1,0,0,1,1,1,1,\ 1,1,1,1,0,0,1,\ 0,1,1,0,1,0,1\}$$

が得られたとする．この乱数生成器より生成される 0 か 1 の列であり，もう一度最初から生成するとおそらく異なった 0 か 1 の列が出現するだろう．35 という個数はいくらでも大きくすることができ，また生成される列の可能性は無限個になる．この乱数生成器より生成される 0 か 1 の列が確率論で表現する乱数の性質を満たしているかどうかはどのように判断すればよいのだろうか？

この乱数生成器の統計的性質を論じるのはこのいわば仮想の生成結果の全体である．一般的にこのような実験結果の仮想的な集まりを**母集団** (**population**) という．この乱数生成器より生成される 0 か 1 の列の仮想的な集団の構成要素は無限個である．例えば，一般的に菜の花の高さの平均値を求めようとするとき，一本一本の高さが母集団になり，その構成要素は無限個である．生成される 0 か 1 の列の場合に，「0 か 1 がそれぞれ確率 1/2 で出現」ということのみを議論するのであれば，この菜の花の高さを論じるときと同じ状況である．しかし，「各ビットの値が（確率論の意味で）独立に出現する」ことを議論する場合には系列として前のビットの出現の仕方との関係や 5 個先のビットの出現の仕方との関係等々を議論する必要があるから，35 個の系列自体が母集団の一つの構成要素になり，35 個のビット数は仮のもので本来は無限個のビット数からなる一系列が母集団の一構成要素となるからさらに複雑である．母集団にはこのほか，ある町の 2016 年 1 月 1 日において 20 歳の男性の身長に関する統計的な議論をするときには，ある町のその時点での 20 歳の男性の身長の全体が母集団になるが，この場合には母集団の構成数は有限個である．

本書では以降，母集団は無限個の構成要素数を持つ場合を扱っていく．

この場合にこの乱数生成器より生成される0か1の列の統計的な性質（例えば0の出現する出現しやすさ）の無限個の母集団の記述は相対頻度でなく確率を用いて行う．相続く出現が独立であるという性質も確率表現で行うことになる．我々が現実的に得られる統計的結果はこの35個の $Z^{seq}(1 : 35)$ のような**標本** (sample) である．$Z^{seq}(1 : 35)$ が乱数の確率論的表現を満たしているかどうかは簡単に結論づけることはできない．極端なことをいえば35個全部が1であったとしても，「この性質を満たしていない」とはいえないだろう．実際，確率論的表現を満たしていても35個全部が1であることは確率 $(1/2)^{35}$ で生じるのである．しかし，我々の日常的な感覚からいえば $(1/2)^{35}$ の確率で生じたと考えるよりは，この乱数生成器は1のみが出現するのではないか，あるいは1が発生しやすくなっているのではないかと疑いたくなる．

このような状況に対応すべく統計学においては**統計的仮説検定** (**statistical hypothesis testing**) が構築されている．この性質を満たしているかどうかを「0か1がそれぞれ確率1/2で出現し，各ビットの値が（確率論の意味で）独立に出現する」を**帰無仮説** (**null hypothesis**)（以下で**帰無仮説** $\boldsymbol{SNH}$ (simplified null hypothesis) と表すことにする．3.2.2項で述べる意味において本来の暗号化送信における帰無仮説と区別するためである）として（後述するように，必要な対立仮説のもとで）仮説検定を行い，棄却されなければ（採択されれば）$Z^{seq}(1 : 35)$ を乱数として用いることにする．

2.2 仮説検定について

本書で頻繁に用いる確率分布に，**正規分布** (**normal distribution**) または**ガウス分布** (**Gaussian distribution**) と呼ばれるものがある．はじめにこの確率分布について，簡単に述べておくことにする．これはとり得る値 x が連続値でその値域は $(-\infty, \infty)$ であり，確率密度関数 $f(x)$ のグラフはある値 m を中心に左右対称な山の形をしていて，m で頂点になり，m から離れるに従ってなだらかに低くなっていく．確率密度関数

$f(x)$ は

$$f(x) = \frac{1}{\sqrt{2\pi}\sigma} \exp\left\{-\frac{(x-m)^2}{2\sigma^2}\right\}$$

と表される．m は平均値であり，σ^2 は分散（σ ($\sigma > 0$) は標準偏差）である．しばしばこの確率分布を $N(m, \sigma^2)$ と表している．

統計理論 Note

統計学において統計的仮説検定という方法があり，この方法はある実験で得られた一組みの標本（しばしばデータと呼んでいるもの）が帰無仮説（母集団に関するある理論的命題）のもとで出現したと考えて統計的に不自然でないかどうかを論じるものである．帰無仮説が成り立たないとき，それではどのような状況が考えられるかについて分析者が想定する仮説を**対立仮説 (alternative hypothesis)** という．

例えば，日本の有権者全体（母集団）から無作為に 1,000 人を選び出し（この場合，1,000 人の回答が「標本」)，A 内閣を支持するかどうかを 4 月に調べたところ，「支持する」と回答した有権者が 40.5% であった．3 ヶ月前の 1 月に同様に 1,000 人を選び出し調査をした結果では，「支持する」と回答した有権者が 39.1% であった．この結果を見て B さんは 4 月の調査においても別に無作為に 1,000 人を選べば，「支持する」と回答する有権者が 38.0% であったかもしれず，39.1% と 40.5% の差は選び方による偶然誤差の範囲内で，母集団の支持率に 1 月と 4 月では差はないのだと主張した．これに対し C さんは 1,000 人もの有権者を調べているのであるから別の 1,000 人を選んで調べても支持率が大きく変動するはずはなく，39.1% と 40.5% は大きな差で，有権者全体での「支持する」割合が上昇していると考えられると主張した．そこで 1 月と 4 月の調査結果を統計的仮説検定理論を用いて，有権者全体の状況について検討することにした．何を検討するかといえば，有権者全体において「支持する」割合は 1 月と 4 月で変わっていないといえるのか，それとも有権者全体で 1 月よりも 4 月には「支持する」割合が上昇しているといえるのかということである．この場合において，「1 月と 4 月で有権者全体において支持する割合は同じである」が帰無仮説であり，「有権者全体において支持する割合は 4 月の方が 1 月よりも上昇している」は対立仮説である．

$Z^{seq}(1:35)$ の例では 35 ビットの標本が得られたときに帰無仮説を「0 か 1 がそれぞれ確率 1/2 で出現し，各ビットの値が独立に出現する」（帰無仮説 SNH）として，この実験結果が帰無仮説のもとで得られたと考えて不自然でないかどうかを論じる．話を簡単にするために，帰無仮説 SNH の「各ビットの値が独立に出現する」は常に成り立っている状況を考え，「0 か 1 がそれぞれ確率 1/2 で出現」の部分だけを議論することにする．そこで，この実験結果が帰無仮説のもとで期待される結果に比べてどの程度離れているかを測る尺度を標本から構成した**検定統計量** (**test statistic**)[1]の値を求める．一つの帰無仮説を検定するための検定統計量は一般的に多数あるはずであり，仮説検定論においてはその中の優劣を論じる理論体系ができている．

仮説検定の例として，1 が出現した相対度数を基にした検定統計量を構成してみることにする．ある事象の出現の**相対度数** (**relative frequency**) とは，n 個の標本中にその事象が生じた標本数を全標本数 n で割った値のことである．ここでの例では 1 が出現するという事象であるから，$\hat{p}_n = \sum_{i=1}^{n} \frac{Z_i}{n}$ になる．ここで，$Z_1 + Z_2 + \cdots$ は 10 進法での和である．厳密に表現すると，$Z_i = 1$ のとき $C_i^Z = 1$, $Z_i = 0$ のとき $C_i^Z = 0$ という確率変数 C_i^Z（演算規則は 2 進法でなく，通常の 10 進法である）を用いて $\hat{p}_n = \sum_{i=1}^{n} \frac{C_i^Z}{n}$ という表現をとるべきもの．以下においてもこのような表現をとるべきであるが煩わしいので，混乱を起こしそうな箇所では注意の記述を入れることにし，前後の文章からどちらかに判断がつくものはそのままで表現していくことにする．以下において，仮説検定論の概略の説明はこの検定統計量を例として用いることにする．

上述の標本 $Z^{seq}(1:35)$ では 35 ビット中に 1 は 19 回出現しているから 1 が出現した相対度数は $19/35 = 0.54$ である．この値が帰無仮説 SNH のもとでの 1 の出現する確率 $1/2 = 0.50$ から離れ過ぎているかどうかを調べてみる．ここでは 35 個の標本であったが，一般的に**標本の大きさ** (**sample size**)（標本の個数）を n とするとき，この標本から求めた相対度数 $\hat{p}_n$ は n が十分大きいとき，SNH のもとでは平均値 $\frac{1}{2}$，分散 $\frac{1}{4n}$ の正規分布 $N\left(\frac{1}{2}, \frac{1}{4n}\right)$ で近似できる．この場合，標本の大きさ 35 は必ずしも十分大きいとはいえないが，この近似を用いることにする．数学

[1] 一般的に標本から構成する量を**統計量** (**statistic**) といい，検定を行うために帰無仮説のもとで期待されるものからの離れ方を測る統計量を検定統計量という．

的に厳密な表現を用いれば，標本から求めた相対度数から SNH のもとで1が出現する確率1/2を差し引いた値を標準偏差 $\sqrt{\dfrac{1}{4n}}$ で割った $\hat{q}_n = \left(\hat{p}_n - \dfrac{1}{2}\right) \Big/ \sqrt{\dfrac{1}{4n}} = 2\sqrt{n}\left(\hat{p}_n - \dfrac{1}{2}\right)$ の確率分布関数は，SNH のもとで n が十分大きいときには平均値0，分散1の正規分布 $N(0,1)$ の確率分布関数で近似できる（$n \to \infty$ のとき $\hat{q}_n$ の確率分布関数が正規分布 $N(0,1)$ の確率分布関数に収束する）．このようなことから $\hat{q}_n$ をここでは帰無仮説からの離れ方を測る一つの検定統計量として用いることにする．ここで得られた標本の値 $Z^{seq}(1:35)$ を基にこの検定統計量の値を計算してみると

$$\frac{0.54 - 0.50}{\sqrt{\dfrac{1}{4 \times 35}}} = 0.47 \tag{2.2}$$

となる．$N(0,1)$ は理論的には $-\infty$ から ∞ までの値をとり得て，標本から求めた相対度数が1/2からどれだけ離れていても帰無仮説のもとで起こり得ることになる．

しかし例えば1/2より大である方向に大きく離れている場合には，帰無仮説のもとでその標本が出現したと考えるよりは，「1が出現する確率は1/2より大である」と考えた方が自然である．それではどれだけ離れたらそのように考えるのか？　統計的仮説検定論においては，「この値」（d と表す）以上離れた値をとることは帰無仮説のもとでは起こる確率が小さいと考える確率をまず分析者が定める．この確率を**有意水準** (**significance level**) といい，分析者が取り扱っている問題の社会的背景等を考慮して主観的に定める．しばしば教科書では0.05や0.01がとられている．以下この値を α で表していくことにする．d を**棄却点** (**critical point**) という．対立仮説としては，「1が出現する確率は1/2より大である」，「1が出現する確率は1/2より小である」，「1が出現する確率は0.8である」等がある．d をどのようにして定めるかであるが，この定め方は対立仮説によって異なる．統計的仮説検定論ではある原理のもとに d の定め方あるいはさらに一般的に棄却域（後述）の定め方を導き出すが，こ

こでは直感的に説明することにする.

対立仮説として「1 が出現する確率は 1/2 より大である」をとるときには, 帰無仮説からの離れ方を測る検定統計量の値が d より大である方向に大きく離れる(1/2 より大きい方に離れ過ぎ)ことになる確率が α であるように帰無仮説 SNH のもとで d を定め, 標本を基に求めた検定統計量の値(ここでの例では, 相対度数と 1/2 の差から構成した統計量 $\hat{q}_n$ の値)が d より大である場合には帰無仮説 SNH が成り立つと考えるよりは対立仮説のもとで標本が得られたと考える方が自然であると考えて, 帰無仮説 SNH を採用しないこととする. このことを帰無仮説 SNH を**棄却** (**reject**) するという. 検定統計量により棄却されることになる標本結果の全体を**棄却域** (**critical region**) という.

同様に, 対立仮説として「1 が出現する確率は 1/2 より小である」をとるときには「1 が出現する確率は 1/2 より大である」と同じ検定統計量の値が d' より小である方向に大きく離れる(1/2 より小さい方に離れ過ぎ)ことになる値をとる確率が α であるように d' を定める. そして実験結果から得られた標本を基に求めた検定統計量の値が d' より小である場合には帰無仮説 SNH を棄却する. これら二つの場合には対立仮説はそれぞれ「大である」または「小である」と一方の方向のみを問題にしている. このような仮説検定を**片側検定** (**one-sided test**) という.

これに対して対立仮説として「1 が出現する確率は 1/2 ではない」(1 が出現する確率が 1/2 より大でも小でもあり得る)である場合には,「この値」は二つありそれぞれ d^+, d^- と置く. 検定統計量の値が $d^+(d^+ \geq 0)$ より大である(1/2 より大きい方に離れ過ぎ)か, または $d^-(d^- \leq 0)$ より小である(1/2 より小さい方に離れ過ぎ)場合には, 帰無仮説 SNH が成り立つと考えるよりは対立仮説のもとで標本が得られたと考える方が自然であると考えて, 帰無仮説 SNH を棄却することにするのを**両側検定** (**two-sided test**) という. α は帰無仮説 SNH のもとで検定統計量の値が d^+ より大である確率と d^- より小である確率の和である. 以下では特に断らない限り検定統計量の確率分布が正規分布である場合には通常 $d^- = -d^+$ ととり,「$d^+(d^+ \geq 0)$ より大である確率」=「$-d^+(d^+ \geq 0)$

より小である確率」$= \alpha/2$ として議論を進めていく．

いずれの場合も棄却されない場合には帰無仮説 SNH を**採択** (**accept**) するという．我々の例では「1 が確率 1/2 で出現」と考えて議論を展開していく．

検定の実行上において検定統計量の値が t という値になったとき，帰無仮説 SNH のもとで「検定統計量の値が t より大である確率」のことをしばしば $\boldsymbol{p}$ **値** ($\boldsymbol{p}$**-value**) と呼んでいる．以下では p 値が 0.05 であるとき，$p = 0.05$ のように書くことにする．

統計理論 Note

なお上でも何の説明もなく「標本の大きさ n が十分大きいとき，正規分布で近似できる」ということを用いてきた．今後も検定統計量などにおいて確率分布が必要になるとき，しばしばこの性質を用いるので，ここでこの性質について説明しておくことにする．この性質は**中心極限定理** (**central limit theorem**) に基づくもので，確率論においては古くから，より広い分野で応用できるよう研究が進められてきている．ここでは帰無仮説 SNH のもとで確率変数列 $\{Z_i; 1 \leq i \leq n\}$ の Z_i は 0 か 1 をとり，i ごとに独立で，$P(Z_i = 0) = P(Z_i = 1) = 1/2$ であり，平均値は 1/2，分散は 1/4 である．このとき

$$\frac{\displaystyle\sum_{i=1}^{n}\left(Z_i - \frac{1}{2}\right)}{\sqrt{\dfrac{1}{4}n}}$$

の確率分布は $n \to \infty$ のとき平均値 0，分散 1 の正規分布に収束するというものである $\left(\displaystyle\sum_{i=1}^{n} Z_i \text{は 2 進法による和ではなく，10 進法である}\right)$.

具体例で説明することにする．帰無仮説 SNH が採択されると考えられる 0 か 1 の値をとる乱数 5,000 個 ($\{Z_i; 1 \leq i \leq 5000\}$) を用いることにする．図示するために $U_i = 2Z_i - 1$ と変換した $\{U_i; 1 \leq i \leq 5000\}$ について話を進めていくことにする．

$$\frac{\displaystyle\sum_{i=1}^{n}\left(Z_i - \frac{1}{2}\right)}{\sqrt{\dfrac{1}{4}n}} = \frac{\displaystyle\sum_{i=1}^{n}(2Z_i - 1)}{\sqrt{n}} = \frac{\displaystyle\sum_{i=1}^{n} U_i}{\sqrt{n}}$$

である．U_i は $-1 (Z_i = 0)$ と $1 (Z_i = 1)$ の値をとり，帰無仮説 SNH が満たされていればそれぞれの値を確率 1/2 でとり，平均値が 0 で分散が 1 である．この

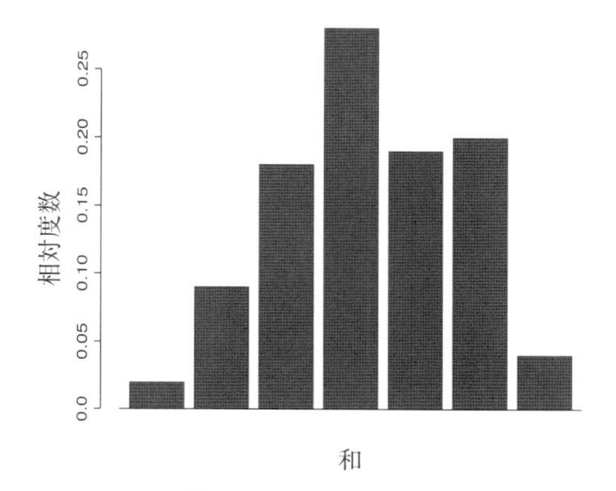

図 2.1 50 個の和 $\sum_{i=1}^{50} U_i$ の相対度数分布（U_i の値は $-1, 1$）.

$\{U_i\}$ の和の分布を調べてみる．和をとる前に，5,000 個の U_i の相対度数分布を調べると，-1 をとる相対度数が 0.5038，1 をとる相対度数が 0.4962 で，U_i は二つの値 $-1, 1$ しかとらず，それぞれの相対度数は 0.5 に近いものであった．この $\{U_i\}$ の 50 個の和

$$W_1 = \sum_{i=1}^{50} U_i$$

をつくってみる．つまり $n = 50$ として $\sum_{i=1}^{n} U_i$ の分布がどのようになるかを実験するのである．最初に用いた $\{U_i\}$ とは異なった $\{U_i'\}$ の 50 個の和をつくり W_2 とし，以下同様にして W_{100} をつくる．$\sum_{i=1}^{n} U_i$ の分布を調べるために $W_1, W_2, \cdots,$ W_{100} のとる値の相対度数分布を調べたのが図 2.1 である．横軸は 50 個の和 $W = \sum_{i=1}^{50} U_i$ のとり得る値で（原則的には -50 から 50 までの全ての整数をとり得て，図ではそれらの値を等間隔でまとめて階級を作成したものが描かれている．また原点 0 の位置を右にずらしてある），縦軸は相対度数のとり得る値である．最初の U_i は，ほぼ等しい割合で二つの値しかとらなかったものが，50 個も加えるとそのとる値の相対度数分布は山型で正規分布に近い形をしてくることが分かる．これを数学的に示したのが中心極限定理である．

中心極限定理は，Z_i が 0 と 1 をとる確率変数だけではなく，さらに一般的な形で示されていて Z_i のとり得る値の範囲は実数値や整数値の全体でもよく，i ごとに独立で同じ確率分布に従っていて，有限な平均値 μ と分散 σ^2 を持ち 3 次のモーメントに関する若干の条件を満たす場合には

$$W^{(n)} = \frac{\sum_{i=1}^{n}(Z_i - \mu)}{\sqrt{n\sigma^2}}$$

の確率分布は $n \to \infty$ のとき平均値 0，分散 1 の正規分布に収束することが示されている．さらに i ごとに同じ確率分布に従っていない場合や，$\{Z_i; 1 \leq i \leq n\}$ が i ごとに独立でない場合にどのような条件が満たされれば，$n \to \infty$ のとき正規分布への収束が成り立つのか等，かなり詳細に研究されてきている（[9] 等参照）．

$Z^{seq}(1:35)$ の例で，帰無仮説を「1 が確率 1/2 で出現し，各ビットの値が独立に出現する」（ここでは簡単化のため，「各ビットの値が独立に出現する」は常に成り立っている状況において「1 が確率 1/2 で出現」の部分だけを帰無仮説とする）とし，検定統計量として

$$\hat{q}_n = \frac{\sum_{i=1}^{n}\frac{Z_i}{n} - \frac{1}{2}}{\sqrt{\frac{1}{4n}}}$$

を用いることにする．この値は $Z^{seq}(1 : 35)$ の場合は 0.47 である．有意水準を $\alpha = 0.05$ とし，SNH のもとで対立仮説を「1 が出現する確率は 1/2 ではない」とする両側検定を行うことにする．$N(0,1)$ において $d^- = -d^+$ ととり，$-d^+$ より小さな値をとる確率が 0.025，d^+ より大である値をとる確率が 0.025 であるような d^+ を求めると，$d^+ = 1.95996$（しばしば 1.96 として用いられている）となる．この値は正規分布表または統計計算ソフトで $p = 0.025$ などとして求めることができる．我々の実験での標本から求めた検定統計量の値は 0.47 で $-1.95996 < 0.47 < 1.95996$ であるから，帰無仮説 SNH のもとでこれらの標本が出現したことを疑うことはしないで，帰無仮説 SNH を採択することになる．すなわち，この例の場合は「1 は確率 1/2 で出現する」と考えて議論を進めていくことになる．

2.3　乱数の扱いと送信の表現

本書では，以降 n ビットの 0 か 1 の数列があったとき，それを乱数と見なすかどうかは，その数列に対して帰無仮説 SNH と必要な対立仮説のもとで仮説検定を行い，棄却されなかった場合（採択された場合）に乱数と見なして扱っていくことにする．その数列が「どのようにして生成されたか」を問題にしていくのではないことに注意していただきたい．

式 (2.1) で表される送信信号 $X^{seq}(1:n)$ は $\xi^{seq}(1:n)$ の $i(1 \leq i \leq n)$ 番目のビットの数字と $Z^{seq}(1:n)$ の i 番目のビットの数字を式 (1.1) に従って加えることを意味する．メッセージの言語の 1 文字は m ビットで表現されているとし，数列の $i=1$ ビットからメッセージの最初の文字が始まっている場合を扱い（以降，特に断らない限り，全てこの状況のもとで議論を展開することにする），$X^{seq}(1:n), \xi^{seq}(1:n)$ $Z^{seq}(1:n)$ のそれぞれを m ビットごとに区切って取り扱っていくことにする．ここで実数 u に対して $[u]$ は $k \leq u$ となる最大の整数 k を表し，$J_m = \left[\dfrac{n}{m}\right]$ と置く．m ビットごとに区切った区切り（m 次元ベクトルのようなもの）の集合をそれぞれ $S_{X^{seq(m)}}, S_{\xi^{seq(m)}}, S_{Z^{seq(m)}}$ とすると

$$
\begin{aligned}
S_{X^{seq(m)}} &= \{\{X_1, X_2, \cdots, X_m\}, \{X_{m+1}, X_{m+2}, \cdots, X_{2m}\}, \\
&\qquad \cdots, \{X_{(J_m-1)m+1}, X_{(J_m-1)m+2}, \cdots, X_{J_m m}\}\} \\
&= \{X^{seq(j,m)} = X^{seq}((j-1)m+1:jm); 1 \leq j \leq J_m\}, \\
S_{\xi^{seq(m)}} &= \{\xi^{seq(j,m)} = \xi^{seq}((j-1)m+1:jm); 1 \leq j \leq J_m\}, \\
S_{Z^{seq(m)}} &= \{Z^{seq(j,m)} = Z^{seq}((j-1)m+1:jm); 1 \leq j \leq J_m\}
\end{aligned}
$$

を考えてみる．いずれの場合も集合の各要素は 2^m 個の集合

$$
A^{seq(m)} = \{\{0, 0, \cdots, 0\}, \{0, 0, \cdots, 1\}, \cdots, \{1, 1, \cdots, 1\}\}
$$

のいずれかの要素の値をとる．

$\xi^{seq(j,m)}$ はメッセージの 1 文字であるから，確定的な 0 か 1 をとる数列と考えることもできるかもしれないが，メッセージは未知であり，どの

ような文字が出現するかが分からないから，ある確率分布に従って出現すると考えて，確率変数（確率過程．ビットごとの独立性は必ずしも成り立たない）と考えて取り扱っていくことにする．m ビットずつで表現すれば

$$X^{seq(j,m)} = \xi^{seq(j,m)} + Z^{seq(j,m)}$$

である．$X^{seq(j,m)}, \xi^{seq(j,m)}, Z^{seq(j,m)}$ はいずれも $A^{seq(m)}$ の中のどれかの m ビットのパターンの一要素をとるから，$A^{seq(m)}$ に含まれる任意な要素を $a = a^{seq}(1:m)$ とすると

$$A^{seq(m)} = \{a = \{a_1, a_2, \cdots, a_m\}; a_k = 0 \text{ または } 1,\ 1 \leq k \leq m\}$$

である．a をとる確率をそれぞれ

$$P_{X^{seq(j,m)}}(a) = P(X^{seq(j,m)} = a),$$
$$P_{\xi^{seq(j,m)}}(a) = P(\xi^{seq(j,m)} = a),$$
$$P_{Z^{seq(j,m)}}(a) = P(Z^{seq(j,m)} = a)$$

とする．以下において一般的に K ビットを組みにする場合にも，同様の表記を用いることにする．

共に n 個のビットを組みにした $\xi^{seq}(1:n)$ と $Z^{seq}(1:n)$ について次の仮定を置くことにする．

仮定 2.1 $\xi^{seq}(1:n)$ と $Z^{seq}(1:n)$ は独立である．

統計理論 Note

1.2 節の統計理論 Note において二つの 1 次元確率変数 X と Y の独立について説明した．$\xi^{seq}(1:n)$ における ξ_i，$Z^{seq}(1:n)$ における Z_i はそれぞれ 1 次元確率変数であり，$\xi^{seq}(1:n)$ と $Z^{seq}(1:n)$ はそれぞれ確率変数 ξ_i と Z_i の i を変化させた系列である．したがって $\xi^{seq}(1:n)$ と $Z^{seq}(1:n)$ の独立は 1.2 節の統計理論 Note における二つの 1 次元確率変数 X と Y の独立より複雑になる．

$\xi^{seq}(1:n)$ と $Z^{seq}(1:n)$ の系列としての独立について，具体的にその基本部分だけを述べると次の通りである．

K_1, K_2 を任意な個数を表す正の整数，$i_1, i_2, \cdots, i_{K_1}$，$j_1, j_2, \cdots, j_{K_2}$ を $1 \leq i_1$

$< i_2 < \cdots < i_{K_1} \le n$，$1 \le j_1 < j_2 < \cdots < j_{K_2} \le n$ である任意な正の整数とし，$a_{i_1}, a_{i_2}, \cdots, a_{i_{K_1}}$，$b_{j_1}, b_{j_2}, \cdots, b_{j_{K_2}}$ をそれぞれ 0 か 1 を表す数字（任意に定める）とするとき

$$\begin{aligned}&P(\{\xi_{i_k} = a_{i_k}; 1 \le k \le K_1\}, \{Z_{j_l} = b_{j_l}; 1 \le l \le K_2\})\\&\quad = P(\{\xi_{i_k} = a_{i_k}; 1 \le k \le K_1\})P(\{Z_{j_l} = b_{j_l}; 1 \le l \le K_2\})\end{aligned}$$

が常に成り立つとき，確率変数の系列 $\xi^{seq}(1:n)$ と $Z^{seq}(1:n)$ は独立という．また $Z^{seq}(1:n) = \{Z_j; 1 \le j \le n\}$ が**独立 (independent)** な確率変数列（帰無仮説 SNH の一つの条件になっている）とは，上の記号をそのまま用いて，任意な個数 K_2 と任意な j の番号 $1 \le j_1 < j_2 < \cdots < j_{K_2} \le n$ に対して，

$$\begin{aligned}&P(Z_{j_1} = b_{j_1}, Z_{j_2} = b_{j_2}, \cdots, Z_{j_{K_2}} = b_{j_{K_2}})\\&\quad = P(Z_{j_1} = b_{j_1})P(Z_{j_2} = b_{j_2}) \cdots P(Z_{j_{K_2}} = b_{j_{K_2}})\end{aligned}$$

が常に成り立つことである．二つの無限個の系列 $\{\xi_i; 1 \le i\}, \{Z_i; 1 \le i\}$ の系列としての独立，またそれぞれの一系列内での独立確率変数列も形式的に $n = \infty$ として同様に定義される．

このとき，任意な K ビットのパターンを

$$x = x^{seq}(1:K) = \{x_1, x_2, \cdots, x_K\} \quad (x_k \text{ は } 0 \text{ か } 1)$$

とするとき

$$P_{X^{seq}(1:K)}(x) = \sum_{a \in A^{seq(K)}} P_{\xi^{seq}(1:K)}(a) P_{Z^{seq}(1:K)}(x-a) \tag{2.3}$$

が成り立つ．$\{Z_i; 1 \le i\}$ が帰無仮説 SNH を満たすとき，$P(Z_i = a_i) = 1/2$（a_i は 0 か 1）で，i ごとに独立であるから

$$\begin{aligned}&P_{Z^{seq}(1:K)}(x-a) = \frac{1}{2^K},\\&P_{X^{seq}(1:K)}(x) = \left(\frac{1}{2}\right)^K \sum_{a \in A^{seq(K)}} P_{\xi^{seq}(1:K)}(a) = \left(\frac{1}{2}\right)^K\end{aligned} \tag{2.4}$$

となる．ここで，$\displaystyle\sum_{a \in A^{seq(K)}}$ は $A^{seq(K)}$ に属する全ての a についての和を意味する．すなわち

$$\sum_{a \in A^{seq(K)}} = \sum_{a_1=0}^{1} \sum_{a_2=0}^{1} \cdots \sum_{a_K=0}^{1}.$$

例えば $\sum_{a \in A^{seq(K)}} P_{\xi^{seq}(1:K)}(a)$ は $P_{\xi^{seq}(1:K)}(a)$ の全ての a についての和であるから確率は1になる.

第3章

暗号化送信に用いる乱数の統計的検定

3.1 乱数性と統計的検定法

暗号の分野においては暗号化送信に乱数を用いる場合，その乱数性の統計的検定が問題になり，その統計的検定のための検定法のいくつかを組みにした提案があり ([16] 等)，また用いられてきている．[16] は米国の **NIST(National Institute of Standards and Technology)** の研究者グループが開発した方法で，暗号の分野で暗号化送信の際に乱数として用いるための乱数性の検定方法として，15 個の検定法を組みにして提案している．検定方法の提示の仕方は統計分野のいわゆる仮説検定論での仕方とは異なる．乱数生成器から生成される 0 か 1 からなる数列の乱数性の検定が中心であるが，通常の統計学の教科書等では扱われない方法も数多く含まれている．もちろん暗号の分野で用いることを前提にしたものではあるが，暗号への応用を離れても目新しく興味あるものも含まれ，3.2.1 項で紹介することにする．なおこれらの検定法については使用のためのソフトウェアパッケージも用意されていて [16] ではその使用方法が示されている．

統計学分野の仮説検定論的な考えに立てば，例えば帰無仮説はほとんどの場合帰無仮説 SNH ではあるが，対立仮説は全体的には帰無仮説を否定する形で示されているものの個々の検定法については対立仮説が必ずしも明確でなかったり表現方法に統計学分野の観点から見ると理解が難しいものも見かける．15個の方法の妥当性を含め今後統計学分野の仮説検定論的立場からの検討が期待される．

3.2　NIST による一組みの乱数性の統計的検定方法

3.2.1　NIST による一組みの統計的検定方法の紹介

[16] は次々と出現する n ビットの0か1の数列 $Z^{seq}(1:n) = \{Z_i; 1 \leq i \leq n\}$ に対する検定法の提案である．なお以下の説明中，$\{Z_i; 1 \leq i \leq n\}$ 等の0・1数列を用いて和 $\left(\sum_{i=1}^{n} Z_i \text{等}\right)$ を作成することがあるが，この和は2進法による和ではなく，10進法での和である．

[16] で示されている方法は次の通りである（詳しくは [16] 参照）．全て有意水準は $\alpha = 0.01$ としている．

(1) Frequency (Monobit) Test（一様性の検定）

0と1がほぼ同じ割合（1の出現する確率が1/2）で出現しているかどうかの検定．両側検定を行う．

$$T_n = \sum_{i=1}^{n} \frac{2Z_i - 1}{\sqrt{n}}$$

が帰無仮説 SNH のもとで n が十分大きいとき $N(0,1)$ で近似できること（中心極限定理）を用いて，平均値0の両側検定として行うものである．$2Z_i - 1$ は帰無仮説 SNH のもとで平均値は0，分散1の確率変数になる．n が十分大きいとき標本から求めた T_n の値 t_n について $N(0,1)$ で近似して p 値を求め，$p < 0.005$ または $p > 0.995$ となったときには，帰無仮説 SNH を棄却する．

(2) Frequency Test within a Block（ブロック内での一様性の検定）

(1) を拡張した検定方法で，これも1の出現確率が1/2になっているかどうかの検定．ここでは M ビットずつに区切った範囲において1の確率が 1/2 になっているかどうかを調べるものである．$\{Z_i\ 1 \leq i \leq n\}$ を $i = 1$ から連続する M ビットで一つのブロックをつくっていき，これを $\left[\frac{n}{M}\right]$ 個つくる．各ブロックに含まれる 1 の相対度数を求める．そして $\left[\frac{n}{M}\right]$ 個の相対度数の確率 1/2 からの全体的な乖離を示す統計量として

$$Q_{\mathrm{FB}} = 4M \sum_{l=1}^{[n/M]} \left(\sum_{i=1}^{M} \frac{Z_{(l-1)M+i}}{M} - \frac{1}{2} \right)^2$$

を構成する．Q_{FB} が帰無仮説 SNH のもとで，$M, n(M < n)$ が十分大きいときの確率分布などは，通常のカイ二乗適合度検定のときとは少し異なり複雑になるが，[16] ではその取り扱いが示されていて，その近似分布のもとで片側検定を行い，p 値が $p < 0.01$ になったときに（M ビットずつで）帰無仮説 SNH を棄却する．

統計理論 Note

U を平均値 0，分散 1 の正規分布 $N(0,1)$ に従う確率変数とする．確率密度関数 $f_U(u)$ は

$$f_U(u) = \frac{1}{\sqrt{2\pi}} \exp\left(-\frac{1}{2}u^2\right)$$

である．このとき U^2 の確率密度関数 $f_{U^2}(u)$ を求めると $u \geq 0$ として

$$\begin{aligned} P\left(U^2 \leq u\right) &= P\left(-\sqrt{u} \leq U \leq \sqrt{u}\right) \\ &= \frac{1}{\sqrt{2\pi}} \int_{-\sqrt{u}}^{\sqrt{u}} \exp\left(-\frac{1}{2}w^2\right) dw \\ &= 2 \times \frac{1}{\sqrt{2\pi}} \int_0^{\sqrt{u}} \exp\left(-\frac{1}{2}w^2\right) dw \end{aligned}$$

したがって

$$f_{U^2}(u) = \begin{cases} \dfrac{d}{du} P\left(U^2 \leq u\right) = \dfrac{1}{\sqrt{2\pi u}} \exp\left(-\dfrac{u}{2}\right) & (u \geq 0) \\ 0 & (u < 0) \end{cases}$$

となる．同様にして K 個の独立な $N(0,1)$ に従う確率変数を $U_1, U_2, \cdots, U_K$ とする．このとき

$$Q = \sum_{k=1}^{K} U_k^2$$

の確率密度関数が求められていて

$$f_{\chi^2}(u) = \begin{cases} \dfrac{1}{2^{\frac{K}{2}}\Gamma\left(\dfrac{K}{2}\right)} u^{\frac{K}{2}-1} \exp\left(-\dfrac{u}{2}\right) & (u > 0) \\ 0 & (u \leq 0) \end{cases}$$

となる．この確率密度関数を持つ確率分布を自由度 K の**カイ二乗分布** (**chi-square distribution**) という．この確率分布の平均値は K であり，分散は $2K$ である．ここで $\Gamma(\nu)$ は**ガンマ関数** (**gamma function**) で

$$\Gamma(\nu) = \int_0^\infty x^{\nu-1} \exp(-x) dx \quad (\nu > 0)$$

である．

(3) Runs Test（連を用いた検定）

統計の教科書等で母数によらない検定として取り上げられている連を用いた検定である．**連** (**run**) とは，同じ記号（ここでは 0 または 1）の一続きとなったもので，例えば 0111110 における 11111 のようなものである（[5]，[22] 等参照）．0 または 1 の出現が傾向を持っていないかどうかを検定により確かめる．ここで提案されている検定法は，$Z_i = Z_{i+1}$ であるとき $U_i = 0$，そうでないとき $U_i = 1$ として統計量 $Q_n = \sum_{i=1}^{n-1} U_i + 1$ をつくる．帰無仮説 SNH のもとで検定統計量

$$T_n = \frac{Q_n - 2n\hat{p}_n(1-\hat{p}_n)}{2\sqrt{2n}\hat{p}_n(1-\hat{p}_n)} \quad ただし，\hat{p}_n = \frac{\sum_{i=1}^{n} Z_i}{n}$$

の確率分布関数が $n \to \infty$ のとき正規分布 $N(0,1)$ の確率分布関数に収束することを用いて，有意水準 α に対し両側検定での棄却点 d を求める．そして標本から求めた T_n に対し，$|T_n| \geq d$ である場合には帰無仮説 SNH を棄却する．

(4) Test for the Longest Run of Ones in a Block（ブロック内での 1 の最長連を用いた検定）

(3) と関連した検定で，統計学の分野でもしばしば取り上げられている

連の長さの最大値に注目した方法である．0 か 1 のどちらか一方に注目すればよいが，ここでは 1 に注目している．帰無仮説 SNH のもとで期待される連の長さの最大値に比べて長過ぎたり短過ぎたりすることは，1 の出現が不自然であるとの考えに基づくものである．

n ビットの中で調べたのでは連の長さの最大値は 1 個しか得られないため，(2) と同様に n ビットの 0·1 数列を M ビットずつに分け，各 M ビットにおいて 1 の連の長さの最大値を求め，それを $N = \left[\frac{n}{M}\right]$ 回繰り返して 1 の連の長さの最大値を N 個得て「1 の連の長さの最大値の分布」を求め，帰無仮説 SNH のもとで期待される確率分布との差をカイ二乗適合度検定により検定を行う方法が提案されている．この際，以下のような工夫が必要なことが示されている．

最大値のとる値を $(K+1)$ 個のクラスに分け，帰無仮説 SNH のもとで k 番目のクラスの値をとる確率を p_k^{class} とし，その具体的な形が [12] に示されている．そして N 回の繰り返し実験において k 番目のクラスの値をとった回数を τ_k とするとき

$$Q_{\mathrm{LR}} = \sum_{k=0}^{K} \frac{(\tau_k - Np_k^{\mathrm{class}})^2}{Np_k^{\mathrm{class}}} \quad \left(N = \sum_{k=0}^{K} \tau_k\right)$$

を用いてカイ二乗適合度検定（自由度 K）を行うことが示されている．[16] には，M, K, N の値とクラス分け，および p_k^{class} の具体的な例が示されている．

統計理論 Note

大きさ M の標本（M ビット）において 1 の連の長さの最大値 $r_{\max}$ は 0 から M の値をとり得る．これを例えば $r_{\max}$ が 0 と 1（すなわち $0 \le r_{\max} \le 1$），$r_{\max} = 2$，$r_{\max} = 3$，$r_{\max} \ge 4$ の 4 個のクラス（事象）に分けて分類する場合を考えてみる．

M ビットにおいて 1 の連の最大値 $r_{\max}$ を調べる実験を独立に N 回行ったとする．その N 回の実験において例えば $A_0 = \{0 \le r_{\max} \le 1\}$ のクラスに分類された回数が τ_0 回だったとする．このとき $\frac{\tau_0}{N}$ が事象 A_0 の生じる相対度数である．一般的に事象が有限個で $A_0, A_1, \cdots, A_K$ であるとする（これらに互いに重なりはなく，これらを合わせたものは全体になっている）．$k = 0, 1, \cdots, K$ に対して事象 A_k の

起きた相対度数を $\hat{p}_k = \dfrac{\tau_k}{N}$ とする．$\displaystyle\sum_{k=0}^{K} \tau_k = N$ である．$\{\hat{p}_k; 0 \leq k \leq K\}$ を帰無仮説のもとでの確率分布 $\{p_k^0; 0 \leq k \leq K\}$ と比較して，その帰無仮説のもとでの標本と考えてよいかどうかを検定する一つの方法に**カイ二乗適合度検定** (**chi-square test of goodness of fit**)（別表記として **χ^2 適合度検定**等）という検定法がある．これは検定統計量として

$$Q^* = \sum_{k=0}^{K} N \frac{(\hat{p}_k - p_k^0)^2}{p_k^0} \tag{3.1}$$

をつくると，Q^* の確率分布は $N \to \infty$ のとき自由度 K のカイ二乗分布 $f_{\chi^2}(u)$ に収束する．したがって有意水準を α として自由度 K のカイ二乗分布より

$$\int_d^\infty f_{\chi^2}(u)du = \alpha$$

となる d を求めて，$Q^* \geq d$ となったときには帰無仮説を棄却する（帰無仮説から離れ過ぎと考えた方が自然）．

(5) Binary Matrix Rank Test（2値行列の階数を用いた検定）

$\{Z_i; 1 \leq i \leq n\}$ の連続する数列の各部分間にある種の線形従属性がないかどうかを調べる検定．統計関係の教科書等ではあまり取り上げられない検定法である．J, K を二つの正整数とし，J 行 K 列の行列を $\left[\dfrac{n}{JK}\right]$ 個つくる．[16] では $J = K$ としている．各行列の要素は $\{Z_i; 1 \leq i \leq n\}$ を順番に行の方から詰めていく．行列ごとに階数 (rank) を求める．この際，階数は2進法でのものであり，詳細が [16] に示されている．$\left[\dfrac{n}{J^2}\right]$ 個の行列における階数の分布を求める．階数の求め方と帰無仮説 SNH のもとでの確率分布も [16] に示されている．そして階数が $J, J-1$, それ以下となる行列の個数を求め，帰無仮説 SNH のもとでのそれぞれの個数と比較するためカイ二乗適合度検定（自由度2）を行う．[16] では $J = 32$ のときの帰無仮説 SNH のもとでの確率などが示されている．

(6) Discrete Fourier Transform (Spectral) Test（離散フーリエ変換を用いた検定）

$\{Z_j; 1 \leq j \leq n\}$[1)] の値の出現の仕方に強い周期性がないかどうかを調

1) 数列を $\{Z_i; 1 \leq i \leq n\}$ のように i を用いて表現してきたが，ここでは複素数表現で i を用いるため混乱を避ける意味から j を用いる．

べる検定．統計学の時系列解析の分野でよく議論されているピリオドグラムを用いての検定を連想するが，提案されているのは少し異なっている．(1) と同様に $2Z_j - 1$ によって -1 と 1 をとる変数に変換し（帰無仮説 SNH のもとでは平均値が 0，分散は 1），周波数領域 $[0,1]$ を n 等分した周波数点 $\lambda_l = l/n$ （$0 \leq l \leq n-1$，$0 \leq \lambda_l < 1$）で $2Z_j - 1$ のフーリエ変換（離散，複素数）

$$V_n(\lambda_l) = \sum_{j=1}^{n}(2Z_j - 1)\exp(2\pi i(j-1)\lambda_l)$$
$$= \mathrm{Re}(V_n(\lambda_l)) + i\,\mathrm{Im}(V_n(\lambda_l))$$

を行う．ここで，

$$\mathrm{Re}(V_n(\lambda_l)) = \sum_{j=1}^{n}(2Z_j - 1)\cos(2\pi(j-1)\lambda_l)\,,$$
$$\mathrm{Im}(V_n(\lambda_l)) = \sum_{j=1}^{n}(2Z_j - 1)\sin(2\pi(j-1)\lambda_l)$$

である．そしてその絶対値 $\left|V_n(\lambda_l)\right|$ を求める．$n \to \infty$ のとき，$\lambda_l \neq 0$, $1/2$ （$\lambda_l = 0, 1/2$ のときは別扱いが必要）として

$$\frac{\mathrm{Re}(V_n(\lambda_l))}{\sqrt{\dfrac{n}{2}}}, \quad \frac{\mathrm{Im}(V_n(\lambda_l))}{\sqrt{\dfrac{n}{2}}}$$

のそれぞれの確率分布は帰無仮説 SNH のもとで $N(0,1)$ の分布に収束し互いに独立で，またそれぞれにおいて異なった λ_l に対して独立である (3.4.2 項参照)．帰無仮説のもとで $P(|V_n(\lambda_l)| \leq T_V) = 0.95$ となる T_V が示されていて，$|V_n(\lambda_l)| \leq T_V$ となる周波数の分点の数を数え N_1 とする．周波数の分点の個数を用いるから，どの範囲の分点を考慮の対象にするかが問題になるが，この検定では $|V_n(\lambda_l)|$ の値については $0 < \lambda_l < 1/2$ で検討することが提案されている．それは $\lambda_l > 1/2$ のとき，$\lambda_l = 1 - \lambda_l{}'$ （$0 < \lambda_l{}' < 1/2$ で $1 - \lambda_l{}'$ も分点）と置くと

$$
\begin{aligned}
|\mathrm{Re}\,(V_n(\lambda_l))\,| &= \left|\sum_{j=1}^{n}(2Z_j-1)\cos\left(2\pi(j-1)\lambda_l\right)\right| \\
&= \left|\sum_{j=1}^{n}(2Z_j-1)\cos\left(2\pi(j-1)(1-\lambda_l{}')\right)\right| \\
&= \left|\sum_{j=1}^{n}(2Z_j-1)\cos\left(2\pi(j-1)\lambda_l{}'\right)\right| \\
&= \left|\mathrm{Re}\left(V_n(\lambda_l{}')\right)\right| \\
|\mathrm{Im}\,(V_n(\lambda_l))\,| &= \left|\sum_{j=1}^{n}(2Z_j-1)\sin\left(2\pi(j-1)\lambda_l\right)\right| \\
&= \left|\sum_{j=1}^{n}(2Z_j-1)\sin\left(2\pi(j-1)(1-\lambda_l{}')\right)\right| \\
&= \left|-\sum_{j=1}^{n}(2Z_j-1)\sin\left(2\pi(j-1)\lambda_l{}'\right)\right| \\
&= \left|\mathrm{Im}\left(V_n(\lambda_l{}')\right)\right|
\end{aligned}
$$

となり，同じ値が $\lambda_l{}'$ で出現しているからである．$\lambda_l = 0, 1/2$ のときは3.4.2項を参照してほしい．$\left[\dfrac{n}{2}\right]$ 個の分点に対して2項分布の考え方を使って N_1 と帰無仮説 SNH のもとで期待される個数 $N_0 = \dfrac{0.95n}{2}$ との差を求めて検定を行うことが提案されている[2])．

(7) Non-overlapping Template Matching Test（重複しない数え方によるテンプレートの適中数による検定）

(8) Overlapping Template Matching Test（重複した数え方によるテンプレートの適中数による検定）

これら二つの検定は，$\{Z_i; 1 \leq i \leq n\}$ においてあるビットの長さを持つ0か1で構成されるパターン（例えば $\{0,0,0,0,1\}$）が頻繁に出現す

---

[2]) 時系列解析の分野ではピリオドグラムは強い周期性の検出等に用いられているが(3.4.2項参照)，ここではある値を超えないピークの数に注目したときの帰無仮説 SNH の場合との比較に重点が置かれている．

ることはないかどうかの検定．そのパターンのビットの長さ m やパターン $B = \{b_1, b_2, \cdots, b_m\}$（$b_k$ $(1 \leq k \leq m)$ は 0 か 1）は [16] では与えられているものとして述べられている．検定の際にパターンの数え上げに用いる B のことをここでは**テンプレート (template)** と呼んでいる．$\{Z_i; 1 \leq i \leq n\}$ について，連続する M ビットで一つのブロックをつくり，これを次々と続けて $N = \left[\dfrac{n}{M}\right]$ 個のブロックができたとする．

(8) の方はまず第 1 ブロックで $\{Z_i; 1 \leq i \leq M\}$ の $i = 1$ から $i = m$ までが B と一致していないかどうかを調べ，一致していたら $U_1 = 1$ とし，一致していなかったら $U_1 = 0$ とする．次に $i = 2$ から $i = m + 1$ までの m ビットが B と一致していないかどうかを調べ，一致していたら $U_2 = 1$ とし，一致していなかったら $U_2 = 0$ とする．以下これを $i = M - m + 1$ まで続け，U_{M-m+1} までつくる．そしてそれらの和 $W_1 = \sum_{i=1}^{M-m+1} U_i$ をつくる．これは M ビット中に B が出現した回数に相当する．N 個の各ブロックで同様の数え上げを行い，数え上げにより出現した回数 $\{W_k; 1 \leq k \leq N\}$ を求める．あらかじめ出現回数を分類する K 個のクラスを作成しておく．

一方，帰無仮説 SNH のもとでの B の出現回数の確率分布の平均値，分散が [16] に示されていて，これらの値を用いて帰無仮説 SNH が成り立つときの自然な出現回数かどうかをカイ二乗適合度検定により結論づけ，帰無仮説 SNH を採択するか棄却するかを判断する．すなわち N 個の各ブロックでの実験において B が出現した回数が k 番目 $(1 \leq k \leq K)$ のクラスの値をとった度数を τ_k，帰無仮説 SNH のもとでのそのクラスの値をとる確率を $\{p_k^0; 1 \leq k \leq K\}$ とするとき，このときのカイ二乗適合度検定（自由度 $K - 1$）のための検定統計量は

$$Q_{\mathrm{OT}} = \sum_{k=1}^{K} \frac{(\tau_k - Np_k^0)^2}{Np_k^0}$$

である．$\{p_k^0; 1 \leq k \leq K\}$ の計算式と導き出しは [16] に示されている．

(7) の方は (8) と同じように行うが，異なるところは，例えばもし U_1

$=1$ ならば次は $i=2$ から $i=m+1$ まで調べるのではなく，一致したところを飛び越えて $i=m+1$ から一致を調べるように，一致したところは飛び越えて出現回数を数える点にある．[16] では B は非周期的（3.3.1 項参照）であることが仮定されている．N 個のブロックの j 番目のブロックでの B の出現回数を数えて，それを W_j としたとき，帰無仮説 SNH からの離れ方を測る検定統計量は

$$Q_{\mathrm{NOT}}=\sum_{j=1}^{N}\frac{(W_j-\mu)^2}{\sigma^2}$$

が用いられている．帰無仮説 SNH のもとで M が十分大きいとき Q_{NOT} は自由度 N のカイ二乗分布で近似できること，および μ と σ^2 は帰無仮説 SNH のもとで W_j の平均値と分散でこの値の計算方式も示されている [16]．そしてカイ二乗分布による片側検定を行い結論を出す．一種の帰無仮説 SNH のもとでの平均値の仮説検定の形をしている．

統計学の教科書等では見かけない検定法であり，暗号の分野で意味を持つものと考えられるが，よく現れるパターンの検出法として暗号の分野に限らず，興味あるものと考えられる．[18], [19] ではこの検定法について別の観点から詳細に論じ，その一部は本書の 3.3 節でも述べる．

(9) Maurer's "Universal Statistical" Test（同じパターンの出現間隔を用いた検定）

$\{Z_i; 1 \le i \le n\}$ において同じパターンの出現の間隔に SNH のときと比べて不自然さがないかどうかの検定．パターンの長さを M_B （(8) までの m, M とは少し役割が異なる）とし，M_B ビットずつの $\left[\dfrac{n}{M_B}\right]$ 個のブロックをつくり，順番にブロックの番号をつける．このブロックのうち最初の N_1 個のブロックは初期値的に用い，後の $N_2\left(=\left[\dfrac{n}{M_B}\right]-N_1\right)$ 個のブロックを検定に用いる．長さ M_B の 2^{M_B} 個のそれぞれのパターンが最初の N_1 個のブロックで出現したとき，そのブロック番号をそのパターンに対し記録する．同じパターンが複数回出現したときには，そのパ

ターンに対しては最後のブロック番号をそのパターンに対するブロック番号とする．最初の N_1 個のブロックに出現しなかったパターンに対しては出現したブロック番号として 0 を与える．

後の N_2 個のブロックに移る．順番にブロックの番号とパターンを調べそれと同じパターンが前に出現したブロック番号（最初のうちは初期値的ブロックを用いてつけた番号）を調べ，ブロック番号の差に対して 2 を底とする対数をとった値を求め，ブロックを順番に移動させてこの対数の値を最後まで次々と加えて和を求める．この和を検定統計量を構成するときに用いる．一方，帰無仮説 SNH のもとでこれに対応する理論値が [16] に示されていて，この理論値との比較で検定統計量を構成する．帰無仮説 SNH のもとでの値に比べて和が大き過ぎたり，小さ過ぎたりすることは，出現間隔に偏りがあることになり，帰無仮説 SNH を疑い棄却することになる．

補足

2.1 節で用いた例

$$Z^{seq}(1:35) = \{1,1,1,0,0,0,0,\ 1,0,0,0,0,0,1,\ 1,0,0,1,1,1,1,\ 1,1,1,1,0,0,1,\ 0,1,1,0,1,0,1\}$$

で説明を補足する．$n = 35$ である．$M_B = 3$ とすると $[35/3] = 11$ ブロック

$S_1 = \{1,1,1\},\ S_2 = \{0,0,0\},\ S_3 = \{0,1,0\},\ S_4 = \{0,0,0\},$（初期値用）

$S_5 = \{0,1,1\},\ S_6 = \{0,0,1\},\ S_7 = \{1,1,1\},\ S_8 = \{1,1,1\},$

$S_9 = \{1,0,0\},\ S_{10} = \{1,0,1\},\ S_{11} = \{1,0,1\}$（検定用）

ができることになる．$N_1 = 4, N_2 = [35/3] - 4 = 7$ とする．$M_B = 3$ ビットのパターンは全部で $2^{M_B} = 2^3 = 8$ 個あり，N_1 個での出現番号は

$$\{0,0,0\} \Rightarrow 4,\ \{0,0,1\} \Rightarrow 0,\ \{0,1,0\} \Rightarrow 3,\ \{0,1,1\} \Rightarrow 0,$$
$$\{1,0,0\} \Rightarrow 0,\ \{1,0,1\} \Rightarrow 0,\ \{1,1,0\} \Rightarrow 0,\ \{1,1,1\} \Rightarrow 1$$

である．N_2 個のブロックに移り，ブロック番号の差を順番に求めていくと

$$\{0,1,1\} \Rightarrow 5-0,\ \{0,0,1\} \Rightarrow 6-0,\ \{1,1,1\} \Rightarrow 7-1,$$
$$\{1,1,1\} \Rightarrow 8-7,\ \{1,0,0\} \Rightarrow 9-0,\ \{1,0,1\} \Rightarrow 10-0,$$
$$\{1,0,1\} \Rightarrow 11-10$$

となる．したがって和は

$$\begin{aligned}&\log_2(5-0)+\log_2(6-0)+\log_2(7-1)+\log_2(8-7)\\&\quad+\log_2(9-0)+\log_2(10-0)+\log_2(11-10)\\&=13.98371\end{aligned}$$

である．

(10) Linear Complexity Test（線形関係に注目した複雑さに関する検定）

$\{Z_i; 1 \le i \le n\}$ の出現の仕方に線形的な関係から見て十分複雑になっているかどうかの検定．n ビットの $\{Z_i; 1 \le i \le n\}$ を順番を保ちながら M ビットずつの $N = \left[\dfrac{n}{M}\right]$ 個のブロックに分割する．そしてブロックに順に番号 $j = 1, 2, \cdots, N$ をつけ，ブロック j ごとに線形関係を調べる．

ある L_j と $\{c_l; 1 \le l \le L_j\}$ が存在して（L_j はある整数で $1 \le L_j \le M-1$ とし，$\{c_l; 1 \le l \le L_j\}$ は 0 または 1 を表す整数）

$$Z_i = c_1 Z_{i-1} + c_2 Z_{i-2} + \cdots + c_{L_j} Z_{i-L_j}, \ \ i \ge L_j$$

という関係（この和は 2 進法によるもの）がこのブロック内の全ての可能な i（ブロックごとに $0 \cdot 1$ 数列に $i = 1, 2, \cdots$ と番号をつけ直す）について成り立つかどうかを調べる（L_j は成り立たせるものが複数個あるときには最小のものを採用．$Z_i = 0$ $(1 \le i \le M)$ のとき $L_j = 0$．必要ならば適当な初期値を用いる）．このとき，この L_j の値を用いて

$$T_j = (-1)^M (L_j - \mu) + \frac{2}{9}$$

という統計量を作成する．ここで，μ は帰無仮説 SNH のもとでの L_j の平均値であり，複雑であるが [16] に与えられている．ブロックごとに T_j の値を求める．T_j の値域を $(K+1)$ 個のクラスに分類し，N 個の T_j の値を分類したとき第 k クラスの度数を ν_k とするとき

$$Q_{\mathrm{LC}} = \sum_{k=0}^{K} \frac{(\nu_k - N p_k^{\mathrm{LC}})^2}{N p_k^{\mathrm{LC}}}, \quad N = \sum_{k=0}^{K} \nu_k$$

を検定統計量として求める．$\{p_k^{\mathrm{LC}}; 0 \leq k \leq K\}$ は帰無仮説 SNH のもとで T_j の第 k クラスの値をとる確率で [16] に与えられている．導き出しはかなり複雑である．Q_{LC} は N が十分大きいとき自由度 K のカイ二乗分布で近似できる．カイ二乗適合度検定の形になり，Q_{LC} の値が大きいときに帰無仮説 SNH を棄却する片側検定を行う．そして $p < 0.01$ になったときに帰無仮説 SNH を棄却する．SNH を満たす 0・1 数列に比べて線形的な複雑さの観点から不自然と結論づける．[16] では $n \geq 10^6, 500 \leq M \leq 5000, N \geq 200$ であることが推奨されている．

(11) Serial Test（パターンの長さと出現の一様性に関する検定）

$\{Z_i; 1 \leq i \leq n\}$ の順番を保った状態において，m ビットの 2^m 個の全てのパターンが等しい割合で出現しているかどうかの状況をある尺度で捉え，パターンのビットの長さを変化させることでその状況の尺度の値の変動が帰無仮説 SNH のもとでの変動と比べて大であるかどうかの検定．個数の調整のため Z_n のあとに最初の $(m-1)$ 個を加えて

$$Z_1, Z_2, \cdots, Z_n, Z_1, Z_2, \cdots, Z_{m-1} \quad (\{Z_i; 1 \leq i \leq n+m-1\} \text{ と表示})$$

を標本として以下で用いることにする．$\{Z_i; 1 \leq i \leq n-m-1\}$ における m ビットの各パターンの出現個数を数えるときには，(8) のときと同じ要領で行う．すなわち，$i = 1$ から始めて $i = m$ ビットまでがそのパターンと同じかどうか，次に $i = 2$ から始めて同様のことを調べていく（例えば 1 ビット目から m ビット目までにそのパターンが出現していても次は 2 ビット目から同じことを行う）．

そして尺度として，各パターンの一様性を検定するカイ二乗適合度検定の検定統計量 Q_{SER}^m をつくる．例えば m ビットのパターン $\{0, 0, \cdots, 1\}$ の出現回数を $n_{(00\cdots1)}$ のように表すと

$$Q_{\mathrm{SER}}^m = \frac{2^m}{n} \sum_{i_1=0, i_2=0, \cdots, i_m=0}^{1,1,\cdots,1} \left(n_{(i_1 i_2 \cdots i_m)} - \frac{n}{2^m} \right)^2$$

である．$m-1, m-2$ ビットのパターンについても同様のことを行い，統

計量 $Q_{\mathrm{SER}}^{m-1}, Q_{\mathrm{SER}}^{m-2}$ をつくる．そして $\nabla Q_{\mathrm{SER}}^{m} = Q_{\mathrm{SER}}^{m} - Q_{\mathrm{SER}}^{m-1}, \nabla^2 Q_{\mathrm{SER}}^{m} = \nabla Q_{\mathrm{SER}}^{m} - \nabla Q_{\mathrm{SER}}^{m-1}$ をつくる．これらの統計量は $n \to \infty$ のときカイ二乗分布で近似できることが示されている [16]．これらを検定統計量として帰無仮説 SNH の検定を行う．

(12) Approximate Entropy Test（エントロピーを用いた検定）

$\{Z_i; 1 \le i \le n\}$ の i についての順序を保った上で，m ビットの全てのパターンの「重複による数え方」(overlapping) での出現の仕方をエントロピーという尺度を用いて，帰無仮説 SNH のもとで期待される状況と比較して検定しようとするものである．(11) と同じように m ごとに標本の個数調整を行い，$n_{(i_1 i_2 \cdots i_m)}$ を求めて相対度数を求める．全てのパターンの出現度数の分布の状況をエントロピーという尺度で捉えた場合に m ビットの場合と $(m+1)$ ビットの場合とのエントロピーの差が，帰無仮説 SNH が成り立つときの状況と比べて大きいかどうかを用いて検定するものである．パターンの長さを変えることにより，各パターンの出現度数分布が大きく変わるかどうかを帰無仮説 SNH が成り立つ場合と比較して論じようとするものである．m ビットの全てのパターンに 1 から 2^m の番号をつけ，k 番目のパターンの相対度数を $\hat{p}_k^{(m)}$ とするとき，ここで用いているエントロピーは $\phi^{(m)} = \sum_{k=1}^{2^m} \hat{p}_k^{(m)} \log_e \hat{p}_k^{(m)}$ であり，$ApEn(m) = \phi^{(m)} - \phi^{(m+1)}$ と置く．検定統計量は

$$Q_{\mathrm{AppET}} = 2n(\log_e 2 - ApEn(m))$$

で自由度 2^m のカイ二乗分布で近似できることを用いて検定を行う．[16] には，推奨される m や n の定め方が示されている．

補足

$\phi^{(m)}$ についての一つの解釈は次の通りである．

例えば $\{Z_i; 1 \le i \le n\}$ が全ての i について $Z_i = 1$ であるとする．これは Z_i について全く曖昧さがないことになる．このとき $\frac{n_{(11\cdots1)}}{n} = 1$ であり $(i_1 i_2 \cdots i_m) \neq$

$(11\cdots1)$ について $\frac{n_{(i_1 i_2 \cdots i_m)}}{n} = 0$ である．したがって $(11\cdots1)$ に対するパターン番号を k_0 とするとき $\log_e \hat{p}_{k_0}^{(m)} = 0$ となり，

$$\phi^{(m)} = 0$$
$$ApEn(m) = 0$$
$$Q_{\mathrm{AppET}} = 2n \log_e 2$$

となる．一方で全てのパターン $(i_1 i_2 \cdots i_m)$ について $\frac{n_{(i_1 i_2 \cdots i_m)}}{n} = \frac{1}{2^m}$ である場合を考えてみる．$\{Z_i; 1 \le i \le n\}$ について帰無仮説 SNH が成り立つ場合に相当し，その際には $\frac{n_{(i_1 i_2 \cdots i_m)}}{n}$ を $(i_1 i_2 \cdots i_m)$（パターン番号を k）の出現する確率 $p_k^{(m)} = \frac{1}{2^m}$ で置き換えることになる．どのパターンが出現するかは全て一様な可能性があり，曖昧さの強い状態である．このとき

$$\phi^{(m)} = -\sum_{k=1}^{2^m} \frac{1}{2^m} \log_e 2^m = -m \log_e 2,$$
$$ApEn(m) = -m \log_e 2 + (m+1) \log_e 2 = \log_e 2,$$
$$Q_{\mathrm{AppET}} = 2n(\log_e 2 - \log_e 2) = 0$$

となる．

(13) Cumulative Sums (Cusum) Test（出現した値の和を用いた検定）

(14) Random Excursions Test（出現した値の和の値ごとのサイクルの数の分布を用いた検定）

(15) Random Excursions Variant Test（全サイクルを通して出現した値の和が特定の値になる回数を用いた検定）

これら 3 個の検定法は，いずれもランダム・ウォーク (random walk) で議論されているテーマに関係している．とる値を -1 と 1 に変換した数列 $\{2Z_i - 1\}$ の途中までの和 $W_k = \sum_{i=1}^{k} (2Z_i - 1)$ $(k = 1, 2, \cdots, n)$ をつくる．

検定法 (13) はその $\{W_k; 1 \le k \le n\}$ の振る舞いを帰無仮説 SNH のもとでの振る舞いと比較して，帰無仮説 SNH について検定しようとするものである．検定統計量として $\max_{1 \le k \le n} \frac{|W_k|}{\sqrt{n}}$ を用いている．複雑な形になるが帰無仮説 SNH のもとでの n が十分大きいときの検定統計量の確

率分布も示されている．また同時に $W_k{}' = \sum_{i=1}^{k}(2Z_{n-i+1}-1)$ を導入し，W_k と同じように $W_k{}'$ を用いた検定法も提案されている．W_k と $W_k{}'$ はそれぞれ $\{2Z_i-1\}$ の帰無仮説 SNH が満たされるときに比べて，最初の方の出現の異常性，最後の方の異常性を調べる目的であることが述べられている．

検定法 (14) ではまず数列 $\{W_k; 1 \le k \le n\}$ を補正して W_1 の前に 0 を，W_n の後に 0 をつけた数列をつくり，この数列を $\{\tilde{W}_k; 0 \le k \le n+1\}$ とする．$\{(k, \tilde{W}_k); 0 \le k \le n+1\}$ をプロットする．ある $k = k_1$ で $\tilde{W}_{k_1} = 0$ であったとする．この後最初に $\tilde{W}_k$ の値が 0 となるのは $k = k_2$ とする．このとき $[k_1, k_2]$ をサイクルと呼ぶことにする．全部で J 個のサイクルがあるとする．そして $\tilde{W}_n$ の値が $-4, -3, -2, -1, 1, 2, 3, 4$ のそれぞれの値 x をとるサイクルの数の分布と，帰無仮説 SNH のもとでのサイクルの数の分布の比較をカイ二乗適合度検定で行う．サイクルの数を $0, 1, 2, 3, 4, 5$ 以上 $(5 \le)$ の 6 個のクラスに分け，x をとるサイクルの数が l 番目のクラスに入る数を $n_l(x)$ で表し，帰無仮説 SNH のもとでのその確率を $p_l(x)$ と表すことにすると，検定統計量は

$$Q_{\mathrm{RE}}(x) = \sum_{l=0}^{5} \frac{(n_l(x) - Jp_l(x))^2}{Jp_l(x)}$$

となる．n が十分大きいとき，$Q_{\mathrm{RE}}(x)$ の分布は自由度 5 のカイ二乗分布で近似できることが [16] に示され，$p_l(x)$ の導き出し等も示されている．x ごとの 8 個の結果が出されることになる．もしこの 8 個の結果の中で一つでも $p < 0.01$ が生じれば，帰無仮説 SNH を棄却することが提案されている．

検定法 (15) は (14) とは少し異なる別形式の検定である．$\tilde{W}_k$ の値として -9 から -1 の整数，1 から 9 の整数の一つ $\tilde{w}$ を固定し，$\tilde{w}$ をとる k の個数（サイクルに関係なく）に着目し，帰無仮説 SNH のもとでの期待される k の個数を比較する検定である．比較は $\tilde{W}_k$ の 18 個のとる値ごとに行い，帰無仮説 SNH のもとでサイクル数 J が十分大きいとき両者の

個数の差は正規分布で近似できることが示されている．これを用いて 18 個のとる値ごとに両側検定を行い，一つでも $p < 0.01$ が成り立てば帰無仮説 SNH を棄却する．

3.2.2 統計学的に検討を要するいくつかの点

暗号に用いるための乱数の検定法を一組みとして提案しているものは他にもある．暗号の分野の研究等に携わっておられる方々の中にはこれらの方法に関心を持たれ使用されている方も多いようで，使用者の間で意見交換も行われているようである（[23]，[6]，[10] 等）．

使用分野に焦点を当てた統計的検定法の議論は統計の研究に携わる者にとっても大変興味を惹かれるものである．例えば上述の 15 個の検定法の中には統計学の世界の中で普段あまり馴染みのない検定法もかなり含まれているが，そのアイデアは興味深いものもある．

検定の議論をするとき，統計学的にはまず，帰無仮説と対立仮説を明確にすることだろう．上で紹介した NIST の検定法ではいずれも帰無仮説を「0 か 1 がそれぞれ確率 1/2 で出現し，各ビットの値が独立に出現する」とされていた．常識的にはこれは統計学的にも問題がなさそうであるが，しかしよく考えると暗号の分野での使用である．基本的にはメッセージの送信に用いるとき，送信信号が解読されないことが重要だろう．

本来の帰無仮説は「メッセージの送信に用いるとき，解読されない 0·1 数列」というべきものだろう．ところが現在のところ，統計学的な立場からの「解読されない 0 · 1 数列」ということの数学的な表現が未解決のようである．果たして「0 か 1 がそれぞれ確率 1/2 で出現し，各ビットの値が独立に出現する」と「解読されない 0·1 数列」とが同値だろうか？　これが未解決なため，本書では「0 か 1 がそれぞれ確率 1/2 で出現し，各ビットの値が独立に出現する」という帰無仮説を表現するときにこれを「帰無仮説 SNH」として区別している．今後統計学的にも検討を要することだろう．

統計学の分野の常識でいえば，例えば自己相関に関する検定などはすぐ思いつくが，これは 15 個の中には組み込まれていない．使用分野に焦点を当てた統計的検定法であるから，対立仮説を明確にした上でどのような検定法を用いるかを論じるべきだろう．これは0・1数列がどのような性質を持つと解読に有利に働くかを明確にし（対立仮説として設定し），その性質を持たないように検定法でチェックするということを意味する．ところが「解読に有利」の数学的表現が解明されていないのが現状のようである．これらのことも今後統計学的にも検討を要することだろう．

将来的には，暗号の分野で使用するための対立仮説を明確にした上で，一つの思想に基づいて用いるべき統計的検定法を議論する必要があるだろう．確かに[16]にはそれぞれの検定法に対してその目的が示されている．しかし，これは乱数に関するごく一般的な目的のように見受けられ，これらと「解読に有利になるから，避けなければならない」との間には少しギャップがあるのではないだろうか？　現段階において「解読に有利」の数学的表現が解明されていないからとりあえず一般的記述を示してあるのかもしれないが，今後これらの点について解明されるのを期待したい．

[8]においても関連した事柄を論じている．[16]以外にも暗号の分野で乱数として用いるための統計的検定法として組みにして提案したものとしてDIEHARDの18個の検定法がある[11]．ここにおいては[16]でも取り上げられていた行列の階数を用いての検定が多く取り上げられている．ここでは紹介は行わないが[14]に紹介がある．

3.3 Non-overlapping Template Matching Test とその一つの改善策の提案

3.2節において，[16]は暗号の分野で乱数として用いるための統計的検定法として15個の方法を組みにして提案していること，およびその概要を紹介した．3.2節でも述べたように，それらの中には統計学の分野において，馴染みのあるものもあれば，あまり馴染みのないものもある．馴染みのないものの中にアイデアの興味あるものもあり，その一つとしてここでは検定法(7) Non-overlapping Template Matching Testを取り上げ，少し統計学的観点から検討を加えてみることにする（[18], [19]参照）．

3.3.1 パターン（テンプレート）

3.2.1 項においても説明したように，この検定法は $Z^{seq}(1:n) = \{Z_i; 1 \le i \le n\}$[3] に「あるパターン」が頻繁に出現することは，このパターンが解読のための情報を与えることになり，このことが生じてないかどうかの検定である．しかし，本来は式 (2.1) の形で暗号として送信するのであるならば，「あるパターン」の頻繁な出現は送信信号（受信信号）$\{X_i; 1 \le i \le n\}$ でしか調べられず，そのことがメッセージ $\xi^{seq}(1:n) = \{\xi_i; 1 \le i \le n\}$ の解読にどのように有利になるかの議論が必要であるが，「解読に有利」（対立仮説）の数学的表現が十分確立されていない現状では「解読」については保留して，$\{Z_i; 1 \le i \le n\}$ または $\{X_i; 1 \le i \le n\}$ に「あるパターン」が頻繁に出現することがあるかどうかの検定についての議論と単純化して以下の議論を展開することにする．[16] においても「解読」については全然触れずに議論を展開している．したがってここでも以下の議論は，0 と 1 の数列 $\{Z_i; 1 \le i \le n\}$ に「あるパターン」が頻繁に出現することがないかどうかの検定である．以下では簡単に $\{Z_i; 1 \le i \le n\}$ に対する検定と記していくことにする．帰無仮説は帰無仮説 SNH とし，対立仮説は「あるパターンが頻繁に出現する」ということになる．統計学の分野であまり馴染みのない検定である．

まずパターンについて，そのタイプによって議論の展開が少し異なってくるので，そのタイプの定義から始めることにする．パターン B は m ビット $(m \ge 2)$ とし，$B = B^{seq}(1:m) = \{b_1, b_2, \cdots, b_m\}$ とする．ここで，b_k $(1 \le k \le m)$ は 0 か 1 である．このときある正整数 ω $(1 \le \omega \le m-1)$ によって $b_k = b_{k+\omega}$ $(1 \le k \le m-\omega)$ となっている場合には B は**周期的** (**periodic**) と呼び，**周期** (**period**) ω を持つと呼ぶことにする．この周期 ω は一つの m に対して複数個存在する場合がある．周期の一つを ω_1 とする．このとき

$$\{\tau\omega_1; \tau \text{ は正整数，} \tau\omega_1 \le m-1\}$$

---

3) 以下は $\{Z_i; 1 \le i \le n\}$ のみで記述していくが $\{X_i; 1 \le i \le n\}$ で置き換えることもできるという意味である．

も周期になる．周期が存在しないとき B は**非周期的** (**non-periodic**) と呼ぶ．これらの概念は $\{Z_i; 1 \leq i \leq n\}$ に出現するパターンの数を数えるときに必要になる．

【例 3.1】 周期の例

(i) $m = 7$ とする．$B = \{0,1,0,1,0,1,0\}$ は周期 2（したがって周期 4, 6 も持つ）である．$B = \{1,1,0,1,1,0,1\}$ は周期 3（したがって周期 6 も持つ）である．$B = \{b_1, b_2, b_3, b_4, b_5, b_6, b_7\}$ と置く．周期 2 と 3 を持つことがあるかどうか調べてみる．周期 2 を持つことにより $b_1 = b_3$, $b_2 = b_4$, $b_3 = b_5$, $b_4 = b_6$, $b_5 = b_7$ で $B = \{b_1, b_2, b_1, b_2, b_1, b_2, b_1\}$ となる．周期 3 を持つことにより $b_1 = b_2$ でなければならず，結局 B は周期 1 を持つことになってしまう．

(ii) $m = 7$ とする．周期 4 と 6 を持つことがあるかどうか調べてみる．周期 4 を持つことにより $B = \{b_1, b_2, b_3, b_4, b_1, b_2, b_3\}$，さらに周期 6 を持つことにより $B = \{b_1, b_2, b_3, b_4, b_1, b_2, b_1\} = \{b_1, b_2, b_1, b_4, b_1, b_2, b_1\}$ となる．

(iii) $m = 7$ とする．$B = \{0,0,0,0,0,0,1\}$ は非周期であり，$B = \{1,1,1,1,1,1,1\}$ は周期 $1,2,3,4,5,6$ を持つ．

さてこの問題を取り扱うにあたって，

(a) m が既知で調べたいパターンが未知であるとき
(b) 調べたいパターンが既知（m も既知）であるとき
(c) m もパターンも未知であるとき

によって議論の展開がかなり異なってくる．[16] ではパターンが非周期的な場合で (b) の場合についての検定法が主として説明されている．しかし応用の場においてはこれで済む話ではない．(a)，(b) は m が既知なのであるから，基本的には m ビットずつに区切って，各 m ビットのパターンの出現相対度数分布を測定し，帰無仮説 SNH と比較する検定統計量を構成し検定を行えばよいだろう．ただ m ビットの始まりがどこかという問題があるから，ずらすなどして工夫が必要だろう．問題は (c) の場合である．ここでは(c)の場合に話を絞って[16]での取り扱い方を踏襲して，この問題に統計学的なアプローチを行うことを試みる．

まず標本の大きさについてである．[16]によればこの分野では標本の大きさは10^3～10^7を想定していることが示されていて，ここでもこのことを念頭に置いて議論を進めていくことにする．統計的検定法の議論を展開するにあたって，この標本の大きさを想定していくことが良いかどうかは議論のあるところであるが（一部については後ほど触れるが），とりあえずこのことを前提条件にして議論を進めていく．標本の大きさが十分大きいから，[16]では基本的な検定統計量は大きさnの標本から構成し[4)]，それをN回繰り返すという実験の枠組みがほとんどの検定法でとられている．ここでもこの枠組みは用いることにする．したがって，標本全体の大きさnNが10^3～10^7ということである．

3.2.1項の15個の提案されている検定法の中で，今まで統計学の分野で馴染みのなかった検定法(7)と(8)に注目することにする．(7)と(8)では少し取り扱いが異なるが，ここでは(7)について少し検討してみる．検定法(7)については3.2.1項でも述べたが，もう一度ここでまとめておくことにする．

連続するmビットが「あるパターン」に一致するかどうかを全体にわたって調べる．まず$Z^{seq}(1:n) = \{Z_i; 1 \leq i \leq n\}$の$i = 1$から始めて連続する$m$ビットが「あるパターン」に一致するかどうかで調べ，次に$i = 2$から始めて連続するmビットについて同じことを調べ，$i = 3, 4, \cdots$，とずらして同様のことを調べていく．この際ある条件のもとで一致した個数を数えるが，このとき用いるパターン（検定の手続きに用いる）のことを[16]に従ってテンプレートと呼んでいくことにする．$\{Z_i; 1 \leq i \leq n\}$におけるテンプレートの出現数を記録する変数をWと置く．最初は$W = 0$である．以下において異なった役割を持つパターンやテンプレートの長さを同じmを用いると混乱を生じる可能性があるため，$m^0, m^*, \tilde{m}, \cdots$のように表記を変えていくことにする．

---

4) 通常の統計学の教科書における標本の大きさとその大きさの標本に相当．

3.3.2　テンプレートの出現個数の数え方

問題とする 0·1 数列 $\{Z_i; 1 \leq i \leq n\}$ について

(i) （検定法 (7) と (8) において）数え方の基本は次の通りである．テンプレートの長さを m^0 とし，テンプレートを $B^0 = \{b_1^0, b_2^0, \cdots, b_{m^0}^0\}$ とする．1 ビット目から m^0 ビット目までにおいて $\{Z_1, Z_2, \cdots, Z_{m^0}\} = B^0$（すなわち，$Z_1 = b_1^0, Z_2 = b_2^0, \cdots, Z_{m^0} = b_{m^0}^0$）が成り立つかどうかを調べ，もし成り立てば $W = 1$ とし，成り立たなければ $W = 0$ とする．次に 2 ビット目から $(m^0 + 1)$ ビット目までの m^0 個のビットにおいて $\{Z_2, Z_3, \cdots, Z_{m^0+1}\} = B^0$ が成り立てば W に 1 を加え，成り立たないときには何も行わない．以降，3 ビット目からの m^0 個のビット，4 ビット目からの m^0 個のビット，$\cdots$ と次々と同様のことを行い，それぞれの m^0 個のビットが B^0 と一致すればその度ごとに W の値を 1 ずつ加えていく．一致しないときには何も行わない．これを $(n - m^0 + 1)$ ビット目からの m^0 個のビットまで行う．

(ii) non-overlapping の概念の導入を行う．(i) を行うにあたって，1 ビット目からの m^0 個のビットにおいて $\{Z_1, Z_2, \cdots, Z_{m^0}\} = B^0$ が成り立つとき 2 ビット目からの m^0 個のビット，3 ビット目からの m^0 個のビット，$\cdots$，m^0 ビット目からの m^0 個のビットについて (i) は行わないことにする．したがって 1 ビット目からの m^0 個のビットにおいて W に 1 を加えたときは，次に (i) を行うのは $(m^0 + 1)$ ビット目からの m^0 個のビットである．以下，同様の数え方を次々と $(n - m^0 + 1)$ ビット目まで行い W の値を求めて終了する．

【例 3.2】　$\{Z_i; 1 \leq i \leq 10\} = \{1, 0, 1, 0, 1, 1, 1, 1, 0, 1\}$ の場合を考えてみる．$n = 10$ である．$m^0 = 3$，$B^0 = \{1, 0, 1\}$ の場合に W を求めてみる．1 ビット目から 3 ビット目で $B^0 = \{1, 0, 1\}$ が出現している．したがってこの段階で $W = 1$ である．(ii) により，2 ビット目と 3 ビット目は飛ばす．3 ビット目から 5 ビット目の 3 個のビットで $B^0 = \{1, 0, 1\}$ が出現しているが，3 ビット目を飛ばしているからこれを始点とすることはできない．次は4ビット目からであるが，これ以降7ビット目まではそれぞれを始点としての3個のビットは B^0 とは異なるから W には0が加わっていくだけで W の値は不変である．8ビット目を始点としての3個のビットは B^0 と一致しているから W に1を加えて $W = 2$ になる．最終は $n - m^0 + 1 = 10 - 3 + 1 = 8$ ビット目であり，因みに9ビット目からはそれぞれを始点としても3個のビットをとることができないから，8ビット目で終了する．最終的な出現個数は $W = 2$ である．

検定法 (7) は $\{Z_i; 1 \leq i \leq n\}$ において頻繁に出現するパターンの検出が目的であるが，この検定法で鍵となるのはテンプレートの選び方である．前にも述べたように [16] においてはある簡単な場合だけが扱われていて，テンプレートの長さやテンプレート自体が未知の場合での解決法が示されていない．そこでここでは統計学的な観点からのアプローチにより，改善策の試みを行ってみることにする．

まず，頻繁に現れるかもしれないパターンをどのように定めるかである．パターンのビットの長さ m について全ての可能性のある値，そのビットの長さを持つ全てのパターン（2^m 個）を一つずつ検討するわけにはいかない．m が小さければ可能ではあるが，m は全ての正整数の可能性があるからその数は膨大である．可能性のある全てを検討するのではなく，パターンを一つまたは複数個推定する方法も考えられるかもしれないが，推定の誤りのリスクも同時に考慮しなければならず簡単ではない．そこで，ここでは問題を次のように設定して議論を行うことにする．

課題 (a) 帰無仮説は帰無仮説 SNH を用いることにし，対立仮説は「あるビットの長さを持つあるパターンが頻繁に現れている」とする[5)]．そのようなパターンが存在するかどうかを統計的仮説検定で論じる．

課題 (b) 課題 (a) において棄却されたとき，頻繁に含まれているパター

5) 対立仮説では，パターンのビットの長さもパターン自体も特定することを意味していない．

ンを特定する[6)].

まず課題 (a) から考えることにする．頻繁に現れるかもしれない1個または複数個のパターンのビットの長さもパターン自体も推定する（候補として定める）ことはしないで，その代わり小さな正整数 m^* を定めて，2^{m^*} 個ある m^* ビットのパターン全体の一つ一つをテンプレートとして標本 n ビット中の出現個数を数えるという方法をとり，これを基に統計的検定法を用いて頻繁に出現しているパターンが存在するかどうかを論じようとするものである．ここで，m^* は検定実施者が種々の経験や知見を参考に主観的に定める値で，頻繁に現れるかもしれないパターンのビットの長さ m は少なくとも m^* よりは大きい数字 $(m \geq m^*)$ である．m ビットの「あるパターン」が頻繁に現れれば，そのパターンの一部になっている連続した m^* ビットのパターンも頻繁に出現するはずで，これにより「あるパターン」の出現に関するある程度の情報が得られるだろうと考えたからである．m^* は小さい正整数であるから m^* ビットのパターンの 2^{m^*} 個のそれぞれをテンプレートとして出現個数を数えることを全部行うことも可能だろうという考えに基づくものである．

3.3.3 テンプレートの定め方

(i) 大きさ nN の標本 $\{Z_i; 1 \leq i \leq nN\}$ をビットの順番を保ったまま大きさ n の標本ずつに分割し，N 個の分割をつくる．

(ii) 頻繁に出現する可能性のあるパターンのビットの長さを m（未知）とするとき，検定実施者は $m \geq m^*$ であると考えられる正整数 m^* を定める．

(iii) 大きさ n の標本を持つ各分割のそれぞれにおいて，2^{m^*} 個のパターンの一つ一つをテンプレートとして 3.3.2 項の方法により各テンプレートの出現個数を数える．

[6)] 目的とするパターン自体の特定，または目的とするパターン自体を含んだ候補のパターンの集合でその集合の要素の数を少なくする．統計的仮説検定の枠組みにはとらわれない．

【例 3.3】 $nN = 10^5$ であるとする．$n = 10^3$ ととり，N を 10^2 とする．$nN = 10^3 \times 10^2 = 10^5$ である．$m^* = 3$ とする．このとき $2^{m^*} = 8$ 個のテンプレートは

$$\{0,0,0\},\{0,0,1\},\{0,1,0\},\{0,1,1\},\{1,0,0\},\{1,0,1\},\{1,1,0\},\{1,1,1\}$$

である．これら一つ一つをテンプレートとして，頻繁に出現しているかどうかを検討する．

3.3.4 出現個数の経験分布関数の作成

(i) 2^{m^*} 個のテンプレートの一つをとる．このテンプレートについて大きさ n の標本を持つ一つの分割に対して，3.3.2 項の方法により出現個数を数える．このことを N 個の分割全てについて行い N 個の出現個数を得る．この N 個の出現個数の中で出現個数が τ という値 $\left(\tau \text{ のとり得る値は } 0,1,2,\cdots,\left[\dfrac{n}{m^*}\right]\right)$ をとるものが N_τ 個あるとする．このとき $\dfrac{N_\tau}{N}$ が τ という値をとる相対度数であり $\hat{p}_\tau = \dfrac{N_\tau}{N}$ と置く．そして，$\left\{\hat{p}_\tau; 1 \leq \tau \leq \left[\dfrac{n}{m^*}\right]\right\}$ を基に出現個数の相対度数を用いて出現個数の分布関数である**経験分布関数 (empirical distribution function)** $\hat{F}(k)$ をつくる $\left(k \text{ のとり得る値は } 0,1,2,\cdots,\left[\dfrac{n}{m^*}\right]\right)$．

$\hat{F}(k)$ は次のように定義される．

$$\hat{F}(k) = \sum_{\tau=0}^{k} \hat{p}_\tau = \frac{\sum_{\tau=0}^{k} N_\tau}{N} = \frac{k \text{ 以下の値をとる分割の数}}{N} \tag{3.2}$$

もし，実数値全体 $-\infty < x < \infty$ で定義したものとして扱う必要があるときは

$$\hat{F}(x) = \begin{cases} 0 & (x < 0 \text{ のとき}), \\ \displaystyle\sum_{\tau=0}^{[x]} \hat{p}_\tau & (0 \le x \text{ のとき}). \end{cases} \tag{3.3}$$

(ii) 2^{m^*} 個の全てのテンプレートについて (i) を行い，出現個数の経験分布関数 $\hat{F}(k)$ を作成する．

3.3.5 帰無仮説 SNH のもとでの出現個数の確率分布関数

次に，帰無仮説 SNH のもとでの出現個数の確率分布関数を求める．

統計理論 Note

一般的に x $(-\infty < x < \infty)$ 以下の値 $(\le x)$ をとる確率を**累積分布関数** (**cumulative distribution function**) または単に**分布関数** (**distribution function**) という．

本書では記述の中で経験分布関数も用い，分布関数といった場合に標本から構成したものと確率から構成したものの間の混乱を避けるため，分布関数のことを**確率分布関数** (**probability distribution function**) と呼び，$F(x)$ と記していくことにする．とり得る値が $0, 1, 2, \cdots$ の場合に k（非負整数）という値をとる確率を p_k とすると，$F(x) = \sum_{k=0}^{[x]} p_k$ である．

もし $\{Z_i; 1 \le i \le n\}$ が SNH に従っているならば3.3.4項で作成した $\hat{F}(x)$ は SNH のもとでの確率分布関数 $F(x)$ に近いはずである．

以下の議論は全て SNH のもとで行う．そしてまず n ビット中[7]における出現個数の確率を求めなければならない．この確率を求めるためには，場合の数を数える必要がある．m^* ビットのテンプレートを $B^* = \{b_1^*, b_2^*, \cdots, b_{m^*}^*\}$ とする．そしてこれらはテンプレートの持つ周期によって扱いが異なる．

---

[7] $\{Z_i; 1 \le i \le n\}$ のこと．統計学における言葉でいえば「大きさ n の標本」であるが，ここでは前後の文章と合わせるため，この表現を用いることにする．

(1) テンプレートが周期を持たないときの確率

【例】

$m^* = 3$ のとき，テンプレートは $\{0,0,1\}$,$\{0,1,1\}$,$\{1,0,0\}$,$\{1,1,0\}$
$m^* = 4$ のとき，テンプレートは $\{0,0,0,1\}$, $\{0,0,1,1\}$, $\{0,1,1,1\}$, $\{1,0,0,0\}$, $\{1,1,0,0\}$, $\{1,1,1,0\}$

(a) 出現個数 0 の確率

n ビット中にテンプレートの出現個数が 0 である場合の数を $t(n)$，その確率を $P(n;0)$ と置く．

$1 \le n \le m^* - 1$ のときには[8] n 個のビットが 0 か 1 のどの値をとっても n ビット中には $n < m^*$ である m^* ビットのテンプレートは含まれるはずはないから，$t(n) = 2^n$．したがってこの場合の確率は $P(n;0) = 2^n/2^n = 1$ となる．

$m^* \le n$ のときは，$n = m^*, m^*+1, m^*+2, \cdots$ の順に帰納的に求めていくことにする．$(n-1)$ ビットまでにテンプレートの出現個数が 0 である場合のそれぞれに新たに n ビット目の 0 か 1 の 2 個の場合を掛ける形になるが，一つビットが付け加わることで新たに出現するテンプレートを持つ場合（$(n-1)$ ビットの最後の (m^*-1) ビットが $\{b_1^*, b_2^*, \cdots, b_{m^*-1}^*\}$ で n ビット目が $b_{m^*}^*$）を除く必要があるから

$$
\begin{aligned}
t(n) &= 2t(n-1) - t\left((n-1) - (m^*-1)\right) \\
&= 2t(n-1) - t(n-m^*) \qquad (3.4)
\end{aligned}
$$

として順に求めていけばよいことになる．上の式において，$t(0) = 1$ とする．n ビット中にテンプレートの出現個数が 0 である確率は

$$P(n;0) = \frac{t(n)}{2^n}.$$

---

[8] 上記の説明においては，n は大きな整数が，m^* は小さな整数が想定されていて，このような場合は想定されていないが，数学的な記述として整えるため．以下同様である．

(b) 出現個数が $\tau(\tau \geq 1)$ の確率

出現個数が τ となる確率を $P(n;\tau)$ と表すことにする．出現個数が $\tau=1$ の場合を考えてみる．$n<m^*$ の場合は $P(n;1)=0$ である．$n \geq m^*$ の場合を考える．$\{Z_i; 1 \leq i \leq n\}$ において，どの i からテンプレートが始まるかによって場合分けして求める．SNH のもとであるから Z_i は i ごとに独立である．まず $i=1$ のときは最初の m^* ビットでテンプレートが出現する確率は $\dfrac{1}{2^{m^*}}$ で，(m^*+1) ビットから n ビットでテンプレートが出現しない確率は $P(n-m^*;0)$ であるから $i=1$ のときに1個出現する確率は

$$\frac{1}{2^{m^*}}P(n-m^*;0)$$

となる．次に $i=2$ の場合を考えてみる．この場合は1ビット目では出現しないということである．$m^*=1$ でない限り出現することはない．したがってこの確率は

$$P(1;0)=\begin{cases}\dfrac{1}{2} & (m^*=1)\\ 1 & (m^* \geq 2)\end{cases}$$

となる．そして2ビット目から $((2-1)+m^*)$ ビット目においてテンプレートが出現する確率は $\dfrac{1}{2^{m^*}}$ であり，$((2-1)+m^*+1)=(2+m^*)$ ビット目から n ビット目では出現しない確率は

$$P\left(n-((2-1)+m^*\right);0)$$

である．したがって $i=2$ の場合の確率は

$$P(1;0)\frac{1}{2^{m^*}}P\left(n-((2-1)+m^*\right);0)$$

となる．同様にして，一般的な i $(1 \leq i \leq n-m^*+1)$ について1個出現するテンプレートが i ビット目から始まる確率は

$$P(i-1;0)\frac{1}{2^{m^*}}P\left(n-(i-1+m^*);0\right)$$

となる．$i=1$ から成り立たせるためには $P(0;0)=1$ とする必要がある．

1 個出現するテンプレートがどの i ビット目から始まるかによって場合（事象）分けしたことになるが，これらの事象は互いに非文で 1 個出現する全ての場合を尽くしているから，n ビット中にテンプレートが 1 個出現する確率はこれらの確率の和になり，

$$P(n;1)=\sum_{i=1}^{n-m^*+1} P(i-1;0)\frac{1}{2^{m^*}}P(n-i-m^*-1;0)$$

となる．同様にして一般的に $P(n;\tau)$ は最初のテンプレートが始まる位置で場合分けして確率を求めると

$$P(n;\tau)=\sum_{i=1}^{n-\tau m^*+1} P(i-1;0)\frac{1}{2^{m^*}}P(n-m^*-i+1;\tau-1)$$

となる．このようにして τ に関して 1 から順に $P(n;\tau)$ を求めていくことができる．

帰無仮説 SNH のもとでの出現個数の確率分布関数 $F_0(k)$ は

$$F_0(k)=\sum_{\tau=0}^{k} P(n;\tau) \quad \left(k=0,1,2,\cdots,\left[\frac{n}{m^*}\right]\right)$$

である．

(2) テンプレートが周期を持つときの確率

【例】

$m^*=3$ のとき，周期 1（周期 2）のテンプレートに $\{0,0,0\}, \{1,1,1\}$, 周期 2 のテンプレートは $\{0,1,0\}, \{1,0,1\}$.

$m^*=4$ のとき，周期 1（周期 2, 3）のテンプレートは $\{0,0,0,0\}$, $\{1,1,1,1\}$，周期 2 のテンプレートは $\{0,1,0,1\}$, $\{1,0,1,0\}$，周期 3 のテンプレートは $\{0,0,1,0\}$, $\{0,1,0,0\}$, $\{0,1,1,0\}$, $\{1,1,0,1\}$, $\{1,0,1,1\}$, $\{1,0,0,1\}$.

例えば $n = 11$ として $\{Z_i; 1 \leq i \leq 11\}$ の場合を考えてみる．そして $m^* = 4$ でテンプレートは $\{1,0,1,0\}$（周期2）とする．テンプレートが周期を持つ場合に新たに生じる考慮を要する点は，例えばテンプレートが出現しない場合の場合の数を数える際に式 (3.4) のように単純ではなく，1周期分のビット数を戻した状態，さらにまた1周期分のビット数を戻した状態，$\cdots$ を調べる必要がある点である．$n = 11$ ビットまでにテンプレートが出現しない場合の数を帰納法的に求めてみる．式 (3.4) のように求めるとすると $2t(10) - t(7)$ である．例えば10ビットまでが $\{1,0,1,1,1,1,0,1,0,0\}$ であった場合を想定してみる．このとき6ビット目から9ビット目まででテンプレート $\{1,0,1,0\}$ が出現しているが $t(7)$ を差し引くことにより，出現しているテンプレートが1周期分 ($\{1,0\}$) を単位として途中で切られることになる．$t(7)$ には6ビット目と7ビット目が $\{1,0\}$ となる数列は含まれている（5ビット目は1）が，6ビット目から9ビット目までが $\{1,0,1,0\}$ となる数列はすでに $t(10)$ には含まれていない．したがって $2t(10)$ から $t(7)$ を差し引くと，差し引き過ぎになりこの分補正が必要になる．このようにテンプレートが周期を持つ場合には式 (3.4) のように単純ではなく，テンプレートの1周期分さかのぼったビット番号においてすでに差し引かれている状態が発生するなど新たな考慮が必要になる．

(a) 出現個数0の確率

まず，テンプレートの周期が1個で周期を ω $(1 \leq \omega \leq m^* - 1)$ とする．例えば $m^* = 5$ で $B^* = \{1,0,0,1,0\}$（周期 $\omega = 3$）の場合である．n ビット中にテンプレートの出現個数が0である場合の数を $t_\omega(n)$，その確率を $P_\omega(n;0)$ と置く．

$t_\omega(n)$ の具体的な計算方法の表現の仕方は種々ある．[4] の結果を用いることもできる．しかしここでは上で説明した考え方を用いて，直接的に求めた結果を示すことにする．

定理 3.1 $t_\omega(n)$ は $n = 1, 2, \cdots$ の順に次式で求められる．

$$t_\omega(n) = \begin{cases} 2^n & (1 \leq n \leq m^* - 1 \text{のとき}), \\ 2t_\omega(n-1) - \displaystyle\sum_{\nu=0}^{\nu_1} t_\omega(n - m^* - 2\nu\omega) & \\ \quad + \displaystyle\sum_{\nu=0}^{\nu_2} t_\omega(n - m^* - 2\nu\omega - \omega) & (m^* \leq n \text{のとき}). \end{cases}$$

ν_1, ν_2 はそれぞれ

$$n - m^* - 2\nu\omega \geq 0, \quad n - m^* - 2\nu\omega - \omega \geq 0$$

が満たされる最大の整数 ν である．また $t_\omega(0) = 1, t_\omega(n) = 0$ $(n \leq -1)$ とする．

定理 3.1 の導き出しと考え方を説明すると，次のようである．n ビット目までの場合の数と $(n-1)$ ビット目までの場合の数の関係は 1 ビットの差があるわけであるから基本的にはまず $t_\omega(n-1)$ の 2 倍になるはずである．このときにおいて 1 ビット増えたために新しく B が生じる場合の数を差し引いておく必要がある．B^* を

$$B^* = \{b_1^*, b_2^*, \cdots, b_{m^*}^*\} = \{b_1^*, b_2^*, \cdots, b_\omega^*, b_1^*, b_2^*, \cdots, b_{m^*-\omega}^*\}$$

とする．n ビット目で新しく B^* が生じる場合は $(n - m^* + 1)$ ビット目から $(n-1)$ ビット目までが $B_1^* = \{b_1^*, b_2^*, \cdots, b_{m^*-1}^*\}$ である必要がある．この場合は $t_\omega(n-1)$ を数える際にこの中に含まれている．したがって $t_\omega(n)$ を求める際には $2t_\omega(n-1)$ からまず $t_\omega(n-m^*)$ を差し引くことが考えられる．ところが $(n - m^* - \omega + 1)$ ビット目から $(n - m^*)$ ビット目までが $B_2^* = \{b_1^*, b_2^*, \cdots, b_\omega^*\}$ となるものは $t_\omega(n - m^*)$ の中に含まれている．しかし $(n - m^* - \omega + 1)$ ビット目から $(n - \omega)$ ビット目までが $B^* = \{b_1^*, b_2^*, \cdots, b_{m^*}^*\}$ となるものは $t_\omega(n-1)$ には含まれていなくて $t_\omega(n - m^*)$ を差し引くと引き過ぎである．したがって差し引くのは $t_\omega(n - m^*)$ ではなく $t_\omega(n - m^*) - t_\omega(n - m^* - \omega)$ を差し引く必要がある．以下これと同じ演算を繰り返していくと定理 3.1 が得られる．

定理 3.1 を用いて帰無仮説 SNH のもとで 1 個の周期を持つテンプレー

トの出現個数が0である確率 $P_\omega(n;0)$ は $n = 1,2,3,\cdots$ の順に次のようにして求められる．基本的には $t_\omega(n)$ を 2^n で割ればよい．

定理 3.2 帰無仮説 SNH のもとで1個の周期 ω を持つテンプレートの出現個数が0である確率 $P_\omega(n;0)$ は $n = 1,2,3,\cdots$ の順に次のようにして求められる．

$$P_\omega(n;0) = \begin{cases} 1 & (1 \le n \le m^* - 1 \text{ のとき}), \\ P_\omega(n-1;0) - \displaystyle\sum_{\nu=0}^{\nu_1} \frac{1}{2^{m^*+2\nu\omega}} P_\omega(n-m^*-2\nu\omega;0) & \\ \quad + \displaystyle\sum_{\nu=0}^{\nu_2} \frac{1}{2^{m^*+2\nu\omega+\omega}} P_\omega(n-m^*-2\nu\omega-\omega;0) & \\ & (m^* \le n \text{ のとき}). \end{cases}$$

ただし，$P_\omega(0;0) = 1, P_\omega(h;0) = 0$（$h \le -1$ のとき）とする．

周期が複数個存在する場合については省略するが，[4] の結果を利用するなどして確率は求められる．

(b) 出現個数1の確率

まずテンプレートの周期が1個の場合の n ビット中での出現個数1の確率 $P_\omega(n;1)$ を求める．このためには (1) テンプレートが周期を持たないときの (b) と同様に，1個のテンプレートが $Z^{seq}(1:n) = \{Z_i; 1 \le i \le n\}$ のどの i を始点とするかによって重複しないように，そして全ての場合をもれなく尽くすように分割して求めていくことにする．しかし，テンプレートが周期を持っているためテンプレートが出現する前のビットまでにおいて B^* が出現しない場合の数の求め方は簡単ではない[9)]．そこで1個出現する B^* の位置の最後のビットの番号に着目して（(1) の (b) とは異なる）分割し，場合の数をもれなく数えていくことにする．B^* の位置の最後のビットの番号を i とするとき，i までの確率を $P_\omega^{B^*}(i)$，この場合の n ビット全体における確率を $P_\omega(n;1)^{B^*(i)}$ と置くことにする．

考え方を説明するために，例を用いて示すことにする．$n = 20$, $m^* =$

9) 重複しない分割を行おうとすると，周期を持つ B^* が関わってくるため．

5とし，テンプレートを $B^* = \{1,0,0,1,0\}$ とする．周期は $\omega = 3$ である．明らかに $P_\omega^{B^*}(i) = 0$ $(1 \leq i \leq 4)$ である．$i = 5$（ビット目）で B^* が終わる場合を考える．この場合の数は一通りしかなく，i までの確率は

$$P_\omega^{B^*}(5) = \frac{1}{2^5}$$

となる．このとき6ビット目から20ビット目までには B^* が出現しないから，その確率は $P_\omega(20-5;0) = P_\omega(15;0)$ である．したがって，5ビット目で B が終わる場合の確率は全体として

$$P_\omega(20;1)^{B^*(5)} = P_\omega^{B^*}(5)P_\omega(15;0)$$

となる．$i = 6$（ビット目）で B^* が終わる場合は1ビット目はどの値が出現してもよく，7ビット目から20ビット目までには B^* が出現しないということであり，その確率は

$$P_\omega(20;1)^{B^*(6)} = P_\omega^{B^*}(6)P_\omega(14;0) = P_\omega^{B^*}(5)P_\omega(14;0)$$

となる．$i = 7$（ビット目）で B^* が終わる場合は1,2ビット目はどの値が出現してもよく，8ビット目から20ビット目までには B^* が出現しないということであり，その確率は

$$P_\omega(20;1)^{B^*(7)} = P_\omega^{B^*}(7)P_\omega(13;0) = P_\omega^{B^*}(5)P_\omega(13;0)$$

となる．$i = 8$（ビット目）で B^* が終わる場合からは少し複雑になる．場合の数を数えることから始めることにする．B^* の位置は4ビット目から8ビット目までである．3ビット目までは B^* は出現しないから，その場合の数はまず $t_\omega(3)$ が基になる．しかしながら B^* が周期3を持っている．このことは1ビット目から3ビット目までが1,0,0となる場合には4ビット目から出現している B^* の最初の2ビットと結びつけて1ビット目から5ビット目で B^* が出現していることになり，この場合はすでに $P_\omega(20;1)^{B^*(5)}$ に含まれてしまっているからこの分は重なることになるので差し引く必要がある．重なる場合の数は1であるがこの数は $1 = t_\omega(3-3)$ とも表せる．このようなことからここで用いる場合の数

$t_\omega^{B^*}(8)$ は $t_\omega^{B^*}(8) = t_\omega(3) - t_\omega(3-3)$ となる．したがって $i = 8$（ビット目）で B^* が終わり 9 ビット目から 20 ビット目までには B^* が出現しない場合の確率は

$$P_\omega(20;1)^{B^*(8)} = \frac{t_\omega^{B^*}(8)}{2^8} P_\omega(12;0)$$

となる．$i = 9, 10$ のときも同様である．

$i = 11$ のときを考えてみる．$i = 11$（ビット目）で B^* が終わるときの確率はさらに複雑になる．B^* の位置は 7 ビット目から 11 ビット目までである．6 ビット目までは B^* は出現しないから，その場合の数は $i = 8$ のときと同様にまず $t_\omega(6)$ が基になる．しかし $i = 8$ のときと同様の状況が生じ，4 ビット目から 6 ビット目までの 3 ビット（周期分）が $1, 0, 0$ の場合はその先に位置する B^* と結びついて B^* が出現することとなり，この場合はすでに $P_\omega(20;1)^{B^*(8)}$ に含まれている．この分を差し引く必要があり，6 ビット目まで B^* は出現しない場合の数は $t_\omega(6) - t_\omega(6-3) = t_\omega(6) - t_\omega(3)$ と修正される．さらに 1 ビット目から 3 ビット目までの 3 ビット（周期分）が $1, 0, 0$ の場合は 4 ビット目からの $1, 0$ と結びついて 1 ビット目から B^* が出現していることとなり，この場合は $t_\omega(6)$ に含まれていないから $t_\omega(6-3)$ を差し引くのは引き過ぎであり，6 ビット目まで B^* は出現しない場合の数は

$$\begin{aligned}
&t_\omega(6) - (t_\omega(6-3) - t_\omega(6-3-3)) \\
&\quad = t_\omega(6) - t_\omega(6-3) + t_\omega(6-3-3) \\
&\quad = t_\omega(6) - t_\omega(3) + t_\omega(0)
\end{aligned}$$

とさらに修正される．これ以上修正されることはない．

上の例を参考に一般論として次のような場合の数と確率を求めることを考えてみる．B^* が i ビット目で終了したとする．この場合の場合の数はまず B^* が出現する $(i - m^* + 1)$ ビット目以前には出現しないことであるから，その場合の数はまず $t_\omega(i - m^*)$ が基となる．しかし $(i - m^* - \omega + 1)$ ビット目から $(i - m^*)$ ビット目が B^* の 1 ビット目から ω ビット目（以下，簡単に「B^* の最初の ω ビット」と呼ぶことにする）と一致するもの

は $t_\omega(i-m^*)$ に含まれている．$(i-m^*-\omega+1)$ ビット目から $(i-m^*)$ ビット目が，出現している B^* の最初の部分と結びついて B^* が $(i-m^*-\omega+1)$ ビット目から出現していることとなり，i ビット目で 1 回だけ出現した B^* が終了するという条件に矛盾する（この場合は別のところで数えられている）．ゆえに $t_\omega(i-m^*)$ からこの場合の数 $t_\omega(i-m^*-\omega)$ を引き算しておく必要がある．ところが $(i-m^*-2\omega+1)$ ビット目から $(i-m^*-\omega)$ ビット目が B^* の最初の ω ビットと一致するものは $t_\omega(i-m^*-\omega)$ に含まれているが，この場合の数 $t_\omega(i-m^*-2\omega)$ は $t_\omega(i-m^*)$ に含まれていないから $t_\omega(i-m^*-\omega)$ から引き算をしておく必要がある．以下同様の引き算が繰り返され，$Z^{seq}(1:n)$ から引き算することが不可能になったとき停止する．ただし $t_\omega(0)=1$ とする．n ビット中 1 回出現する B^* の出現が i ビット目で終了する場合の場合の数を $t_\omega^{B^*}(i)$ と表すとき，今までの考察を数式を用いて表現すると

$$
\begin{aligned}
t_\omega^{B^*}(i) &= t_\omega(i-m^*) - (t_\omega(i-m^*-\omega) - (t_\omega(i-m^*-2\omega) - \cdots)) \\
&= t_\omega(i-m^*) - t_\omega(i-m^*-\omega) + t_\omega(i-m^*-2\omega) - \cdots .
\end{aligned}
\tag{3.5}
$$

式 (3.5) の成り立ちから，右辺の $t_\omega(\quad)$ の括弧内は $(i-m^*)$ から ω の非負整数 ν 倍の値を次々引き算を行っていくのであるが，その $t_\omega(i-m^*-\nu\omega)$ に掛かる符号は $(-1)^\nu$ である．

さてこの考察を用いて，肝心の n ビット中での出現個数 1 の確率 $P_\omega(n;1)$ を求めることにする．出現する B^* が i ビット目で終了するときその i によって標本を分割し（各分割は排反であるから）各分割ごとに確率を求めて，それらを全部加え合わせるという手段をとる．分割は重ならず，それらの和は全体になっている．各分割の確率は，B^* の出現する前部分の確率と B^* が出現しているところの確率と B^* が出現した後の確率を掛け合わせるという単純なものではない．最初に説明したように B^* が周期を持っているからで，B^* の出現しているところとそれ以前のところとは絡み合っている．そこで出現した B^* の終わる位置で分割するという手段をとったのである．B^* が $Z^{seq}(1:n)$ の i 番目のビットで終わってい

るからこの確率は $\dfrac{t_\omega^{B^*}(i)}{2^i}$ である．B^* が出現した後の $(n-i)$ ビットでは B^* は出現しないから，その確率は $P_\omega(n-i;0)$ である．したがって B^* が i 番目のビットで終わっているという分割の確率は

$$\frac{t_\omega^{B^*}(i)}{2^i}P_\omega(n-i;0)$$

である．

以上の考察をまとめると，次の結果が得られる．

定理 3.3 テンプレート B^* は1個の周期 ω を持つものとする．帰無仮説 SNH のもとで n ビットの $0\cdot 1$ 数列 $\{Z_i; 1 \le i \le n\}$ において B^* の出現が1回である確率 $P_\omega(n;1)$ は

$$P_\omega(n;1) = \sum_{i=m^*}^{n} \frac{t_\omega^{B^*}(i)}{2^i} P_\omega(n-i;0).$$

ここで，

$$t_\omega^{B^*}(i) = \sum_{\nu=0}^{\nu_1} t_\omega(i-m^*-2\nu\omega) - \sum_{\nu=0}^{\nu_2} t_\omega(i-m^*-2\nu\omega-\omega).$$

ただし，ν_1, ν_2 はそれぞれ $i-m^*-2\nu\omega \ge 0$，$i-m^*-2\nu\omega-\omega \ge 0$ を成り立たせる最大の非負整数 ν である．

同様にして，出現個数が τ 個 $(\tau \ge 2)$ の確率も求められる．

定理 3.4 帰無仮説 SNH のもとで1個の周期 ω を持つテンプレート B^* の出現個数が τ $(\tau \ge 2)$ である確率 $P_\omega(n;\tau)$ は $n = 1, 2, 3, \cdots; \tau = 2, 3, \cdots$ の順に次のようにして求められる．

$$P_\omega(n;\tau) = \begin{cases} 0 & (1 \le n \le \tau m^* - 1 \text{ のとき}), \\ \displaystyle\sum_{i=m^*}^{n-(\tau-1)m^*} \frac{t_\omega^{B^*}(i)}{2^i} P_\omega(n-i;\tau-1) & (n \ge \tau m^* \text{ のとき}). \end{cases}$$

ここで，

$$t_\omega^{B^*}(i) = \sum_{\nu=0}^{\nu_1} t_\omega(i - m^* - 2\nu\omega) - \sum_{\nu=0}^{\nu_2} t_\omega(i - m^* - 2\nu\omega - \omega).$$

ただし，ν_1, ν_2 はそれぞれ $i - m^* - 2\nu\omega \geq 0$，$i - m^* - 2\nu\omega - \omega \geq 0$ を成り立たせる最大の非負整数 ν である．

帰無仮説 SNH のもとで 1 個の周期 ω を持つテンプレートの出現個数の確率分布関数 $F_\omega(k)$ は

$$F_\omega(k) = \sum_{\tau=0}^{k} P_\omega(n;\tau) \quad \left(k = 0, 1, 2, \cdots, \left[\frac{n}{m^*}\right]\right),$$

または実数 $x \geq 0$ を用いて表現すれば

$$F_\omega(x) = \sum_{\tau=0}^{[x]} P_\omega(n;\tau)$$

となる．

周期が複数個存在する場合については省略するが，[4] の結果を利用するなどして確率は求められる．

3.3.6 テンプレートの出現個数の分布による帰無仮説 SNH の検定統計量の構成

これからの議論は，周期のないテンプレートを扱う場合と 1 個の周期 ω を持つテンプレートを扱う場合[10)]とで確率等の表記を変更する必要があるが，表記を変えれば他の部分は全く同じである場合のために，文章の中で「帰無仮説 SNH のもとで，周期のないテンプレートの出現個数の確率 $P(n;\tau)$ または確率分布関数 $F_0(k)$」か「帰無仮説 SNH のもとで，周期 ω を持つテンプレートの出現個数の確率 $P_\omega(n;\tau)$ または確率分布関数 $F_\omega(k)$」と読みかえる表記として $P_{SNH}(n;\tau)$ または $F_{SNH}(k)$ を用い

---

10) 本来は複数個であるが，説明の複雑さを避けるため 1 個の場合で議論を進めることにする．

ることにする.

検定の目的として，0か1からなるあるパターンが頻繁に出現しているかどうかを調べる．仮説検定論的表現をすれば，帰無仮説 SNH に対して，対立仮説として「0か1からなるあるパターンの出現確率が高い」とする.

標本は3.3.1項および3.3.2項で述べたような方法で得られている．標本からテンプレートの出現個数の個数 τ 別の相対度数 $\hat{p}_\tau$ を求めたのであるから，この値が $P_{SNH}(n;\tau)$ からの離れ方が大きいかどうかを τ 全体 $\left(\tau = 0, 1, 2, \cdots, \left[\frac{n}{m^*}\right]\right)$ にわたって統計的に測る尺度として，まず考えられるのはカイ二乗適合度検定である．それは

$$\chi^2 = N \sum_{\tau=0}^{[n/m^*]} \frac{(\hat{p}_\tau - P_{SNH}(n;\tau))^2}{P_{SNH}(n;\tau)}$$

を検定統計量として用いることである．しかし，この統計量は離れ方を2乗した値で構成されているためパターンの出現が異常に多い場合も検出できるとともに異常に少ない場合等も検出される可能性があり，目的である「あるパターンが頻繁に出現している」状態の検出には必ずしも適当でないことが想像される．そこで，我々の目的のために離れ方の符号まで反映できるだろうと考えて，標本からの累積の相対度数から構成される経験分布関数と帰無仮説 SNH のもとでの確率分布関数の差で構成できる**コルモゴロフ・スミルノフ検定** (**Kolmogorov-Smirnov test**) を用いることとする．検定の目的は「あるパターンが頻繁に出現しているかどうか」であった．このことを数学的に表現してみる．対立仮説のもとでの確率分布関数を $F^A(\tau)$ とすると，$F^A(\tau)$ が少なくとも「小さい τ」に対して $F_{SNH}(\tau)$ よりも小さくなっているはずである．したがって対立仮説の数学的表現を「$F_{SNH}(\tau) \geq F^A(\tau)$. ただし ">" が少なくとも1個の τ で成立する」とする.

このため経験分布関数 $\hat{F}(k)$ と帰無仮説 SNH のもとでの確率分布関数 $F_{SNH}(k)$ の比較を $k = 0, 1, 2, \cdots, \left[\frac{n}{m^*}\right]$ の全てにわたって行う．比較は

$F_{SNH}(k)$ と $\hat{F}(k)$ の差 $F_{SNH}(k) - \hat{F}(k)$ によって行うことにする．検定統計量として

$$D_N^- = \max\left(\max_{k=0,1,\cdots,[n/m^*]}(F_{SNH}(k) - \hat{F}(k)), 0\right)$$

を考えてみる．D_N^- を検定統計量として検定に用いる場合，D_N^- の確率分布，特に $P(D_N^- \geq d)$ の値が求められることが必要である．今の場合，$k = 0, 1, 2, \cdots, \left[\dfrac{n}{m^*}\right]$ であり離散値をとる確率分布になる．このときの $P(D_N^- \geq d)$ については精密な形で [2] に示されている．2 項分布的な表現で示されているが，含まれているパラメータを定めるには何段階もの計算が必要で，標本の大きさ N が十分大きくシミュレーションを含めた大量の計算が必要な場合には難がある．そこで，標本の大きさ N が十分大きい場合に $P(\sqrt{N}D_N^- \geq d)$ の簡単な近似式を用いることにした．

定理 3.5 d を $d > 0$ である任意な実数値とする．このとき次式が成り立つ．

$$\lim_{N\to\infty} P(\sqrt{N}D_N^- \geq d) \leq \exp(-2d^2).$$

この結果は [3] の 4.3 節および 4.4 節の結果を用いて [3] と同様の方法で示すことができる．

帰無仮説 SNH のもとでの $P(\sqrt{N}D_N^- \geq d)$ として $\exp(-2d^2)$ を用いることは大きい確率で代用することになるが，安全であり，また大量計算のための都合のよさもあり，以下では $P(\sqrt{N}D_N^- \geq d)$ の代わりに $\sqrt{N}D_N^-$ の p 値として $\exp(-2d^2)$ を用いることにする．

3.3.7 Template Matching Test の改善策の試み（統計学的観点からの改善策の試み）

▶課題 (a)（3.3.2 項参照）に対する方策 (𝔄)

𝔄.1 3.3.3 項の定め方により準備した標本について，長さ m^* で 2^{m^*} 個のテンプレートを定める．

𝔄.2 3.3.2 項の数え方により **𝔄.1** での各テンプレートに対して，N 組みの標本において出現個数を数える．

𝔄.3 各テンプレートについて 3.3.6 項の構成により $\sqrt{N}D_N^-$ を求める．その値を d とする．この d に対する p 値を求める．

𝔄.4 有意水準を α とし，**𝔄.3** において最低 1 個のテンプレートに対して $p < \alpha$ となった場合には，全体として帰無仮説 SNH は棄却されたものとする[11]．

【例 3.4】　$n = 10^3, N = 10^3, m^* = 3, \alpha = 0.05$ とする．帰無仮説 SNH が採択される 0·1 数列で標本の大きさ $10^3 \times 10^3 (= 10^6)$ を用いる（これを「元標本」と呼ぶことにする）．方策 (𝔄) の有効性の検証のため，対立仮説の状態をあらかじめつくっておく必要がある．そこでいくつかの対立仮説の状態を次のようにしてつくることにする．

$\tilde{m}$ ビット ($\tilde{m} \geq m^*$) の「0 か 1 で構成されるパターン」（以下簡単に「埋め込みパターン」と呼び，$\tilde{B}$ で表す）をある割合で元標本に埋め込んでおく（そのようにして元標本を修正した標本を，以下簡単に「埋め込み標本」と呼ぶ）．埋め込みは次のように行う．nN ビットの元標本を $\tilde{m}$ ビットずつ $\left[\dfrac{nN}{\tilde{m}}\right]$ 個に分割する．この $\left[\dfrac{nN}{\tilde{m}}\right]$ 個の分割の中から等しい確率でランダムに Γ 個選び，選んだ Γ 個の分割の元標本の部分を埋め込みパターンで置き換える．そして $\tilde{m}, \Gamma$ 比 $\left(= \Gamma \middle/ \left[\dfrac{nN}{\tilde{m}}\right]\right)$ の値および埋め込みパターンをいくつか取り換える．これにより方策 (𝔄) の実験を行う．この一連の実験を元標本を換えて 10^4 回繰り返し行う．このシミュレーション実験による課題 (a) に対する上の方策 (𝔄) の有効性は表 3.1 の通りである．表 3.1 において「検出率」とは「10^4 回の繰り返し実験における帰無仮説 SNH の棄却された回数の割合」である．表 3.1 より実験で取り扱った場合においては，方策 (𝔄) は Γ 比が 0.01 もあればかなり有効であることが分かる．

---

[11] この場合，全体としての有意水準は α 以上になっている．

表 3.1 例 3.4 での検出率 [18].

$\tilde{m}$	$\tilde{B}$	検出率 Γ 比 0.0025	0.0050	0.0075	0.0100	0.0150
4	0001	0.3726	0.8521	0.9952	1.0000	*
	0101	0.3889	0.8670	0.9938	1.0000	*
	1111	0.6653	0.9968	1.0000	*	*
5	00001	0.2788	0.7271	0.9749	0.9992	1.0000
	01001	0.4582	0.9105	0.9980	1.0000	*
	11111	0.6867	0.9983	1.0000	*	*
6	000001	0.2959	0.7887	0.9886	0.9999	1.0000
	010001	0.3777	0.8001	0.9816	0.9997	1.0000
	111111	0.7350	0.9988	1.0000	*	*

▶課題 (b)（3.3.2 項参照）に対する方策 ($\mathfrak{B}$)

頻繁に出現するであろうパターンのビットの長さも形も分からないから，そのパターンをテンプレートとして出現個数を数えて検定を行うことはできない．そこでこの課題を解決するために，頻繁に存在するであろうパターンの一部になっている小さいビットの長さのテンプレートをいくつか見つけ出し，それらのテンプレートを手掛かりにしてそれらを次々に組み合わせていってビットの長さも大きくしていき，最終的に求めるパターンを特定しようという考え方で解決を試みることにする．つまり求めるパターンが頻繁に出現するならば，そのパターンの連続した一部になっているパターン（そのパターンに含まれるパターン）をテンプレートとしたとき，そのテンプレートも当然頻繁に出現するはずであるから，それを手掛かりにしようという考えである．

そこでまず扱っている暗号の分野での知識等から，メッセージに用いている 1 文字の長さは少なくとも m^* ビット以上であると考えられる m^* を分析者の方で定めることにする．m^* から始めてテンプレートのビットの長さを次々と長くしていき，未知の真のビットの長さ m に近づけていこうという考えである．まず，長くしていくときの方法を説明する．m_1 ビットのテンプレート B_1 と m_2 ビットのテンプレート B_2 の**組み合わせの**

テンプレート (combination of templates)B_{12} とは次の性質を持つテンプレートの全体をいうことにする.

(1) B_{12} のビット長さ m_{12} は $\max(m_1, m_2) \leq m_{12} \leq m_1 + m_2$ である.
(2)「B_{12} の左端のビットから右へ m_1 ビット（最初の m_1 ビット）は B_1 であり，右端のビットから左に m_2 ビット（最後の m_2 ビット）は B_2 である」か「B_{12} の最初の m_2 ビットは B_2 であり，最後の m_1 ビットは B_1 である」.

B_{12} を $B_{12} = B_1 \oplus B_2$ と表すことにする．B_{12} は一般的には複数個存在するが，その全体の集合を $\mathbf{B}_{12}$ と表すことにする.

【例 3.5】　$m_1 = 3$ ビットのテンプレート $B_1 = \{0,1,0\}$ と $m_2 = 4$ ビットのテンプレート $B_2 = \{0,0,1,0\}$ を組み合わせて得られたテンプレート B_{12} とは次のいずれかである.

$$\{0,1,0,0,0,1,0\}, \{0,1,0,0,1,0\},$$
$$\{0,0,1,0,0,1,0\}, \{0,0,1,0,1,0\}, \{0,0,1,0\}.$$

組み合わせて得られたこれら5個のテンプレートの集合が $\mathbf{B}_{12}$ である.

次にテンプレートの集合 $\mathbf{B}_a = \{B_{a:u}; 1 \leq u \leq U_a\}$ と $\mathbf{B}_b = \{B_{b:u'}; 1 \leq u' \leq U_b\}$ があるとする．ここで，U_a, U_b はある正整数である．また例えば $\{B_{a:u}; 1 \leq u \leq U_a\}$ はテンプレート $B_{a:1}, B_{a:2}, \cdots, B_{a:U_a}$ が要素である集合を表す．集合 $\mathbf{B}_a$ と集合 $\mathbf{B}_b$ の **(テンプレートの集合の) 組み合わせ (combination of sets of templates)**$\mathbf{B}_a \oplus \mathbf{B}_b$ を次のように定義する.

$\mathbf{B}_a$ に属する任意な一つのテンプレート $B_{a:u}$ と $\mathbf{B}_b$ に属する任意な一つのテンプレート $B_{b:u'}$ に対して $B_{a,b:u,u'} = B_{a:u} \oplus B_{b:u'}$ をつくる．u と u' をそれぞれ $\mathbf{B}_a$ と $\mathbf{B}_b$ に属するテンプレート全体（u は1から U_a まで，u' は1から U_b まで）にわたって動かしてできたテンプレート $B_{a:u} \oplus B_{b:u'}$ の全体を $\mathbf{B}_a \oplus \mathbf{B}_b$ と表す.

さて，テンプレート[12]の組み合わせの定義を用いて，方策 $(\mathfrak{B})$ は次の通りである．方策 $(\mathfrak{B})$ はいくつかの段階的なステップを踏んで行うことになるが，第 μ ステップ $(\mu \geq 1)$ において次の第 $(\mu+1)$ ステップでの吟味を行うためのテンプレートとして残すものの集合を $\mathbf{B}^{*(\mu)}$ と表すことにする．

$\mathfrak{B}$.1（第 1 ステップ）m^* ビットのテンプレートを用いて **$\mathfrak{A}$.1**，**$\mathfrak{A}$.2**，**$\mathfrak{A}$.3** を行う．**$\mathfrak{A}$.1** でのテンプレート全体（2^{m^*} 個）を $\boldsymbol{B}^{*(1)}$ とする．

$\mathfrak{B}$.2（第 μ ステップ）μ は $\mu \geq 2$ である正整数とする．

$$\mathbf{B}^{(\mu)} = \mathbf{B}^{*(\mu-1)} \oplus \mathbf{B}^{*(\mu-1)}$$

をつくり，$\mathbf{B}^{(\mu)}$ の各要素をテンプレートとして **$\mathfrak{A}$.2**, **$\mathfrak{A}$.3** を行う．そして $\mathbf{B}^{(\mu)}$ の要素 $B_u^{(\mu)}$ のうち，次の条件 (i), (ii) のいずれかを満たすものの全体を次のステップで用いるテンプレートの集合 $\mathbf{B}^{*(\mu)}$ として残す．

(i) $B_u^{(\mu)}$ を用いての **$\mathfrak{A}$.2**, **$\mathfrak{A}$.3** を行ったときの p 値について

$$p < \alpha$$

が成り立つ．

(ii) $B_u^{(\mu)}$ が (i) を満たさないとする．$B_u^{(\mu)}$ は $\mathbf{B}^{*(\mu-1)}$ に属する $B_{u'}^{*(\mu-1)}$ と $B_{u''}^{*(\mu-1)}$ によって $B_u^{(\mu)} = B_{u'}^{*(\mu-1)} \oplus B_{u''}^{*(\mu-1)}$ として組み合わされているとする．このとき $B_{u'}^{*(\mu-1)}$, $B_{u''}^{*(\mu-1)}$, $B_u^{(\mu)}$ を用いて **$\mathfrak{A}$.2**, **$\mathfrak{A}$.3** を行ったときの p 値をそれぞれ $p_{u'}$, $p_{u''}$, p_u とするとき $p_{u'}$ と $p_{u''}$ の小さい方より p_u の方が小さい，すなわち

$$\min(p_{u'}, p_{u''}) > p_u \tag{3.6}$$

が成り立つ．もし同じ u に対して他の u', u'' がある場合には，

---

[12] パターン．本書では混乱を避けるため，原則として検定法 (7) Non-overlapping Template Matching Test に用いるある長さの 0 か 1 を組み合わせたものを [16] に従いテンプレートと呼び，メッセージの送信等に用いる 1 文字等を表すために 0 か 1 をある長さで組み合わせたものをパターンと呼んで区別していくことにする．

それらの中で式 (3.6) を成り立たせる組み合わせが最低1個ある.

𝔅.3（停止と特定）次の条件 (i), (ii) のいずれかのとき，この特定作業は終了し，課題 (b) についての特定を行う.

(i) ある正整数 μ_0 で $\mathbf{B}^{*(\mu_0)}$ が空集合 $(\emptyset)$ になる．このとき第 μ_0 ステップで停止する.
パターンの特定は次のようにして行う．$\mathbf{B}^{*(\mu_0-1)}$ の全ての要素（テンプレート）に対する p 値の最小値を $p_{\min}(\mu_0-1)$ とする．また第 (μ^*-2) ステップにおける $\mathbf{B}^{*(\mu_0-2)}$ の全ての要素（テンプレート）に対する p 値の最小値が $p_{\min}(\mu_0-2)$ であったとする．もし $p_{\min}(\mu_0-2) > p_{\min}(\mu_0-1)$ ならば，第 (μ_0-1) ステップの $\mathbf{B}^{*(\mu_0-1)}$ の要素の中に特定すべきパターンは含まれると結論づける．もし $p_{\min}(\mu_0-2) \leq p_{\min}(\mu_0-1)$ ならば，第 (μ^*-2) ステップの $\mathbf{B}^{*(\mu_0-2)}$ の要素の中に特定すべきパターンは含まれると結論づける.
そして特定は終了する.

(ii) あらかじめ停止するステップ数が定められていて μ^*（正整数）とする．ステップ数が μ^* になったら停止する．パターンの特定は次のようにして行う.
$\mathbf{B}^{*(\mu^*)} \neq \emptyset$ ならば $\mathbf{B}^{*(\mu^*)}$ の各要素に対する p 値の最小値を $p_{\min}(\mu^*)$ とする．また第 (μ^*-1) ステップにおける $\mathbf{B}^{*(\mu^*-1)}$ の各要素に対する p 値の最小値が $p_{\min}(\mu^*-1)$ であったとする．もし $p_{\min}(\mu^*-1) > p_{\min}(\mu^*)$ ならば，第 μ^* ステップの $\mathbf{B}^{*(\mu^*)}$ の要素の中に特定すべきパターンは含まれると結論づける．もし $p_{\min}(\mu^*-1) \leq p_{\min}(\mu^*)$ ならば，第 (μ^*-1) ステップの $\mathbf{B}^{*(\mu^*-1)}$ の要素の中に特定すべきパターンは含まれると結論づける.
そして特定は終了する.
$\mathbf{B}^{*(\mu^*)} = \emptyset$ ならば $\mu_0 = \mu^*$ として (i) を行う.
そして特定は終了する.

方策 ($\mathfrak{B}$) の考え方は次の通りである．

(1) あるビットの長さ m（未知）のパターンが頻繁に出現するならば，その連続した一部で構成されている（そのパターンに含まれるパターン）m^* ビットのテンプレートも頻繁に出現するだろうから，それを手掛かりにしてビットの長さの小さなテンプレートで頻繁に出現するものを次々と組み合わせていって，頻繁に出現しなくなったら，停止して求めるべきパターンを推測しようとするものである．m^* ビットのテンプレートはどれか一つのテンプレートを選ぶというのではなく，2^{m^*} 個の全てのテンプレートを試すというものである．そのためには m^* としては小さい値を想定している．長さ m もパターンも未知であるとき，その可能性のある m やパターン（テンプレート）を全て試すことは莫大な数になり，それらを全て試すということは避け，またその中のいくつかを選ぶというやり方は精度を上げるためには何も情報がない場合に困難を伴うことが予想されたため避けようと考えた．

(2) ところが m が m^* に比べて比較的大である場合には，あるパターンが占めていた m ビットを SNH を満たす系列で置き換えた場合に，m^* ビットのテンプレートが（置き換え以前に占めていた）m ビットのパターンの中に出現する頻度よりも置き換えた SNH を満たす系列の中で出現する回数の方が大であるかまたは同等である可能性が高い場合もある．これは m^* が m に比べて小さいから生じることである．この現象はステップ数を上げ，組み合わせを行ってテンプレートのビットの長さを大きくしていけば徐々に解消されていくと考えられる．$\mathfrak{B}$**.2** (ii) はこのことを考慮に入れて初期のステップにおいてテンプレートのビットの長さが m^* など小さいときに出現頻度が少ないからといって次のステップで用いるテンプレートの集合をつくる際に落とさないようにするためのものである．テンプレートのビットの長さを大きくして p 値が改善されていく（小さくなる）ものは次のステップへ残すことにしたものである．

(3) $\mathfrak{B}$**.3** (i) において $\mathbf{B}^{*(\mu_0)}$ が空集合になったとき，パターンの決定を行

う際に $\mathbf{B}^{*(\mu_0-1)}$ に属する全要素の間の $p_{\min}(\mu_0-1)$ と $\mathbf{B}^{*(\mu_0-2)}$ に属する全要素の間の $p_{\min}(\mu_0-2)$ との比較を行ったのは，次のような理由によるものである．例えば求めるべき真のパターンが $\mathbf{B}^{*(\mu_0-2)}$ に含まれていたとする．第 (μ_0-1) ステップで用いるテンプレートは $\mathbf{B}^{*(\mu_0-2)}$ に属する二つの要素のテンプレートを組み合わせたものであるが，組み合わせによっては $\mathbf{B}^{*(\mu_0-2)}$ の要素に数ビットを付け加えたものであることがある．たとえ真のパターンが $\mathbf{B}^{*(\mu_0-2)}$ に含まれていたとしても，数ビットを付け加えたものであるから第 (μ_0-1) ステップでも棄却される可能性がある．もし第 (μ_0-1) ステップで棄却されれば真のパターンの冗長なものになる．したがって第 (μ_0-1) ステップだけで考えると冗長なパターンを求めてしまう可能性がある．この冗長さを避けるためのものである．最初のステップから各ステップの p 値の比較を取り入れなかったのは上記 (2) の場合の考慮が必要だからである．したがってここでは μ_0 は十分大きく，(2) の場合は生じないことを想定している．

【例 3.6】 $n=10^3, N=10^3$ という場合をシミュレーションで行うことにする[13)]．標本の大きさ $nN=10^3\times10^3=10^6$ の SNH を満たすと考えられる $0\cdot1$ 数列を $\{Z_i; 1\le i\le nN\}$ とする．まず，見出すべきパターンはビットの長さが $\tilde{m}=6$ で[14)]パターンは $\tilde{B}=\{0,0,0,1,1,0\}$ であるとする．方策 ($\mathfrak{A}$) の例 3.4 のときと同様に $\{Z_i; 1\le i\le nN\}$ を 6 ビットずつに分割し，$\left[\dfrac{nN}{\tilde{m}}\right]=\left[\dfrac{10^6}{6}\right]$ 個の分割の中からランダムに Γ 個を選び，選んだ分割を見出すべきパターンで置き換える（埋め込む）ことにする．埋め込み率 Γ 比は $\Gamma\Big/\left[\dfrac{nN}{\tilde{m}}\right]$ である．Γ 比は 0（埋め込みなしでもとの数列），0.03, 0.05 の場合について調べ，$m^*=3$ とする．テンプレートとして $\{0,0,0\},\{0,0,1\},\{1,1,1\}$ を用いた場合の出現個数の

13) ここで示す例は竹田裕一氏が行われたシミュレーション結果をご厚意でお借りして，筆者が作図したものである．

14) ここでは本来 m であるが，例 3.4 と同じ取り扱いを行うため $\tilde{m}$ とした．$\tilde{B}$ も同様である．

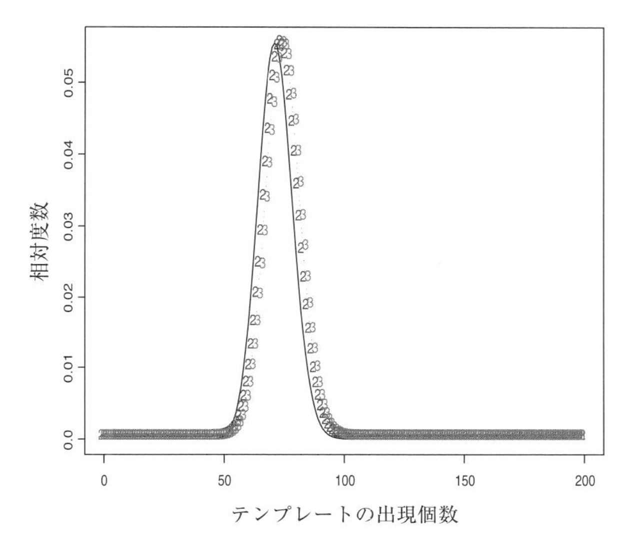

図 3.1 相対度数分布，テンプレート $= \{0,0,0\}$，$\tilde{B} = \{0,0,0,1,1,0\}$，実線：$\Gamma$ 比 $= 0$，破線（2 の印）：Γ 比 $= 0.03$，点線（3 の印）：Γ 比 $= 0.05$.

分布を求めた．この実験を元標本を換えて 10^4 回繰り返した．図 3.1，図 3.2，図 3.3 には出現個数の相対度数分布が示してある[15)]．横軸は出現個数，縦軸は $nN = 10^6$ における相対度数である．図 3.1〜図 3.3 はそれぞれテンプレートが $\{0,0,0\},\{0,0,1\},\{1,1,1\}$ の場合である．各図とも実線，破線（2 の印），点線（3 の印）はそれぞれ Γ 比が $0, 0.03, 0.05$（0%，3%，5%）の場合である．図 3.1 では Γ 比が増加するに従って相対度数分布は右（出現個数が増える方向）に移動している．これに対して図 3.2 では Γ 比が増加するに従って相対度数分布の移動が大きくなく，図 3.3 では Γ 比が増加するに従って相対度数分布は左（出現個数が少なくなる方向）に移動している．

テンプレート $\{1,1,1\}$ は $\tilde{B}$ の中の相続く 3 ビットとしては存在しない（含まれていない）．そこで次にテンプレートの 3 ビットが $\tilde{B}$ の中の相続く 3 ビットとして存在する（含まれている）例を示すことにする．$\tilde{m} = 7$

---

15) 各相対度数は 10^4 回の実験における平均値になっている．

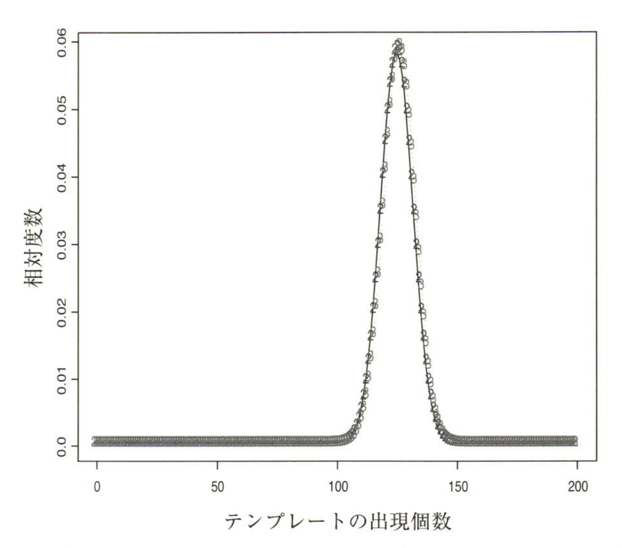

図 3.2 相対度数分布，テンプレート $= \{0,0,1\}$，$\tilde{B} = \{0,0,0,1,1,0\}$，実線：$\Gamma$ 比 $= 0$，破線（2 の印）：Γ 比 $= 0.03$，点線（3 の印）：Γ 比 $= 0.05$.

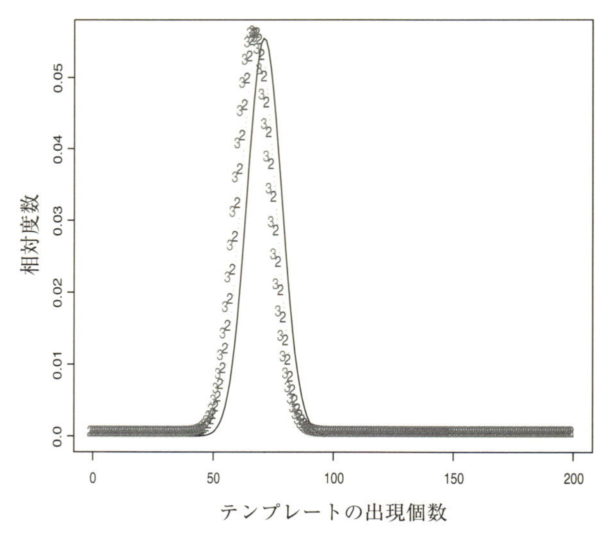

図 3.3 相対度数分布，テンプレート $= \{1,1,1\}$，$\tilde{B} = \{0,0,0,1,1,0\}$，実線：$\Gamma$ 比 $= 0$，破線（2 の印）：Γ 比 $= 0.03$，点線（3 の印）：Γ 比 $= 0.05$.

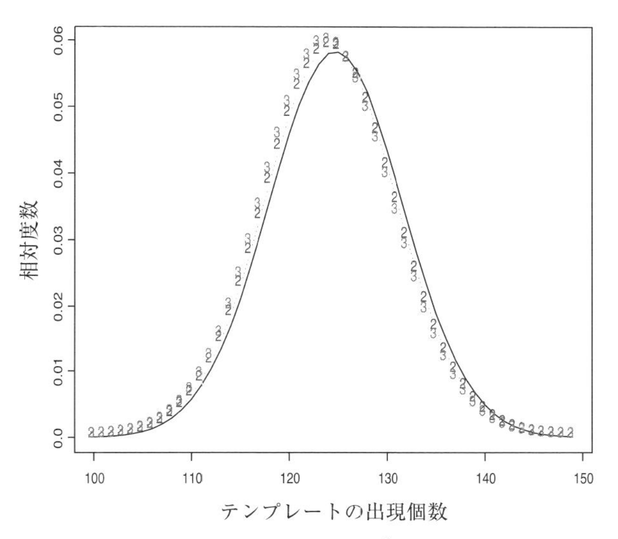

図 3.4 相対度数分布，テンプレート $= \{0,0,1\}$, $\tilde{B} = \{0,0,0,0,0,0,1\}$，実線：$\Gamma$ 比 $= 0$，破線（2 の印）：Γ 比 $= 0.03$，点線（3 の印）：Γ 比 $= 0.05$.

で $\tilde{B} = \{0,0,0,0,0,0,1\}$，テンプレートは $\{0,0,1\}$ とし，埋め込み方法や Γ 比は $\tilde{m} = 6$ のときと同様に行った．このときの図 3.1〜図 3.3 と同様の相対度数分布が図 3.4 である．Γ 比が増加するに従って相対度数分布は左（出現個数が少なくなる方向）に移動している．これらは方策 ($\mathfrak{B}$) の考え方の (2) の状況によるものと考えられる．

【例 3.7】 例 3.4 と同様に $n = 10^3, N = 10^3, m^* = 3, \alpha = 0.05$ とする．帰無仮説 SNH が採択される 0-1 数列で標本の大きさ $10^3 \times 10^3 (= 10^6)$ である $\{Z_i; 1 \leq i \leq nN\}$ を用いる（元標本）．方策 ($\mathfrak{B}$) の有効性の検証のため，$\{Z_i; 1 \leq i \leq nN\}$ に見出すべきパターンを埋め込んだ状態をあらかじめつくっておく必要があり，例 3.4 と同様の手法を用いる．$\tilde{m}$ ビット ($\tilde{m} \geq m^*$) の「埋め込みパターン」$\tilde{B}$ をある割合で元標本に埋め込んで「埋め込み標本」をつくる．そして $\tilde{m}$, Γ 比 $\left(\Gamma \middle/ \left[\dfrac{nN}{\tilde{m}}\right]\right)$ の値および埋め込みパターンをいくつか取り換え，方策 ($\mathfrak{B}$) の実験を行う．そしてこのシミュレーション実験を元標本を換えて 10^4 回繰り返す．10^4 回繰り

表 3.2 例 3.7 での成功率 [19].

$\tilde{m}$	$\tilde{B}$	成功率 Γ 比 0.01 (n.e.)	成功率 Γ 比 0.03 (n.e.)	成功率 Γ 比 0.05 (n.e.)
4	0001	0.9943(37.2)	1.0000(45.7)	1.0000(43.2)
	0101	0.9925(54.4)	1.0000(60.3)	1.0000(52.2)
	1111	0.9967(56.5)	1.0000(47.0)	1.0000(38.6)
5	00001	0.9984(39.5)	1.0000(39.8)	1.0000(35.3)
	01001	0.9958(39.0)	1.0000(41.5)	1.0000(37.7)
	11111	0.8469(61.9)	0.9975(56.2)	0.9998(45.0)
6	000001	0.9988(42.9)	1.0000(41.9)	1.0000(36.6)
	010001	0.9971(29.9)	1.0000(35.6)	1.0000(34.3)
	111111	0.3363(65.7)	0.4506(58.3)	0.8050(44.6)

返し行ったシミュレーション実験による課題 (b) に対する方策 ($\mathfrak{B}$) の有効性は表 3.2 の通りである．表 3.2 において「成功率」とは「10^4 回の繰り返し実験において，見出すべきパターンが“特定したパターンの集合”の中に含まれていた実験回数の割合」である．また「(n.e.)」は括弧内に示した数字が「特定したパターンの集合に含まれる要素（パターン）の数の 10^4 回の繰り返し実験における平均値」を示している．例えば $\tilde{m} = 5$, $\tilde{B} = \{0,0,0,0,1\}$ (表では 00001 と記載)，Γ 比 $= 0.01$ の成功率の欄が 0.9984(39.5) ということは Γ 比が 0.01 で見出すべきパターンが特定したパターンの集合の中に含まれていた実験回数の割合が 0.9984 で，そのときの特定したパターンの集合の中に含まれる要素の数の 10^4 回の繰り返し実験における平均値が 39.5 ということである．これはたとえ $\tilde{m}$ が分かっている場合においても本来 $2^5 = 32$ 個のパターンを調べるべきであるのが，方策 ($\mathfrak{B}$) は $\tilde{m}$ が未知な場合を扱っていて全ての可能性のある $\tilde{m}$ の全てを調べるときの数[16)]に比べれば，かなり絞り込んだことになるといえよう．表 3.2 から実験で取り扱った場合を見る限りにおいて，方策 ($\mathfrak{B}$) は Γ 比が 0.03 もあればかなり有効であることを示している．

[16)] 例えば 3〜10 ビットの全てのパターンを調べるとなると 2,040 個のパターンを調べなければならない．

3.4　検討と試み

3.4.1　暗号化送信に用いる乱数と統計的解読可能性

3.2.1 項で NIST による 15 個の検定法の提案を紹介したが，統計学の研究に携わっている者から見るとこれまであまり馴染みのないものも含まれ，その着想の斬新さに興味を持つと同時にこれらの 15 個がどのような基準で選ばれているかに関心が払われる．また一方で統計学の分野では時系列など系列データを扱うときにしばしばよく用いられる自己相関係数を用いた検定法などは入れられていないのはなぜかと考える．これらの考えを整理するためには，暗号送信の際にどのような 0·1 数列であると使用を避けるべきであるかを把握する必要がある．このためには，送信信号を手にしたとき「解読可能」と「解読不可能」の定義が必要である．この問題は大変難しく，現在までに十分解明されていないようである．もちろん，この問題はどのような観点から論じるかによって異なるだろう．ここではメッセージに乱数を加えて送信するという場合にのみ限定し，あくまで統計的な観点からのみ考えてみることにする．そして前提条件として，メッセージに用いる各文字について，別の調査によって文章中に使用される頻度（確率）が分かっているものとする．この分かっている頻度（確率）との比較により，解読のための有利な情報を得られるかどうかという観点から「解読可能」と「解読不可能」を検討してみる．

送信信号は式 (2.1) の形で作成されているとする．ベクトルの要素ごとに表現すれば

$$X_i = \xi_i + Z_i \tag{3.7}$$

である．統計的な扱いの中では X_i, Z_i は確率変数である．ξ_i は本来ならば確定したものであるが，何が出現するか分からないという意味においてやはり確率変数として扱っていくことにする．これらの確率変数は 0 か 1 しかとらない．x, a, b を 0 か 1 を表す定数とし，X_i, ξ_i, Z_i がそれぞれ x, a, b の値をとる確率 $P(X_i = x)$, $P(\xi_i = a)$, $P(Z_i = b)$ は本来は i ごとに変化するはずである．以下は i を一つに止めて考えていくことにす

る．また $\boldsymbol{\xi}$ と $\boldsymbol{Z}$ は確率変数として独立とする．このとき

$$\begin{aligned}P(X_i = x) &= P(\xi_i = x, Z_i = 0) + P(\xi_i = x-1, Z_i = 1)\\&= P(\xi_i = x)P(Z_i = 0) + P(\xi_i = x-1)P(Z_i = 1)\\&= \sum_{a=0}^{1} P(\xi_i = a)P(Z_i = x-a)\end{aligned} \tag{3.8}$$

が成り立つ．式 (3.8) において，例えば $(x-1)$ 等は 2 進法の演算 (1.2) の意味である．

一般的に我々が得られる情報は $X_i = x$ の値だけである．以下においては，$P(X_i = x)$ をどのように推定するかは別問題として，この確率が定まっているものとして議論を進めていく．$P(\xi_i = a), P(Z_i = x-a)$ は未知の値である．この情報だけで $P(\xi_i = a)$ が 1 に近いとか 0 に近いとかの情報を得ることが可能だろうか？　$\{Z_i\}$ が SNH を満たすとする．このとき $P(Z_i = b) = 1/2$ となり，

$$P(X_i = x) = \frac{1}{2}\sum_{a=0}^{1} P(\xi_i = a) = \frac{1}{2} \tag{3.9}$$

であるから $P(X_i = x) = 1/2$ 以外はあり得ないことになるが，この場合は $P(\xi_i = 0)$ の値は 0 から 1 までどの値をとってもよいことになり情報は得られない．

式 (3.8) において未知数は $P(\xi_i = 0)$ と $P(Z_i = 0)$ である．そこで $P(\xi_i = a)$ についての解の可能性として

(RS.1)　任意な a に対して $P(\xi_i = a) = 1$ および $P(\xi_i = a) = 0$ も解としてあり得る

(RS.2)　$P(\xi_i = a)$ の値に関して無限個の解の可能性があり，それらには優先順位がつけられない

の場合には，$P(\xi_i = a)$ に関する情報は統計的には得られず解読不可能で，この場合を**統計的に解読不可能**と呼ぶことにする．

【例 3.8】 $\{Z_i\}$ についてあらかじめ SNH に従っていることが分かっている場合

この場合には $P(X_i = x) = 1/2$ でなければならないが，このとき $P(\xi_i = a)$ の値はどのような値でもよく，統計的に解読不可能の (RS.1), (RS.2) の条件を満たしている．したがって送信信号において SNH に従っている $\{Z_i\}$ を用いることは統計的に解読不可能な状況をつくり出すと考えられる．

【例 3.9】 $P(X_i = x) = P(X_i = 1 - x) = 1/2$ であることが分かった場合

式 (3.8) より，

$$\frac{1}{2} = P(X_i = 1) = P(\xi_i = 0)P(Z_i = 1) + P(\xi_i = 1)P(Z_i = 0)$$

であり，$P(\xi_i = 0) = 1$ とすれば $P(\xi_i = 1) = 0$ で $P(Z_i = 1) = P(X_i = 1) = 1/2$ という解が存在し，$P(\xi_i = 0) = 0$ とすれば $P(\xi_i = 1) = 1$ で $P(Z_i = 0) = P(X_i = 1) = 1/2$ という解が存在する．したがって (RS.1) を満たす．次に (RS.2) を満たすことを示す．$P(\xi_i = 1) = 1 - P(\xi_i = 0)$, $P(Z_i = 1) = 1 - P(Z_i = 0)$ であるから上の式は

$$\frac{1}{2} = P(X_i = 1) = P(\xi_i = 0)\,(1 - 2P(Z_i = 0)) + P(Z_i = 0)$$

$$P(Z_i = 0) \neq \frac{1}{2} \text{ ならば } P(\xi_i = 0) = \frac{\frac{1}{2} - P(Z_i = 0)}{1 - 2P(Z_i = 0)} = \frac{1}{2}$$

$1/2 = P(X_i = 0)$ から出発しても同様である．$P(Z_i = 0) = 1/2$ であるときには $P(\xi_i = 0)$ はどのような値をとってもよいから解は無限個あることになり，$P(Z_i = 0) \neq 1/2$ のときには $P(\xi_i = 0) = P(\xi_i = 1) = 1/2$ の一組みの解であるが，$P(Z_i = 0) = 1/2$ のときを含め全体として無限個になり (RS.2) を満たす．したがってこの例も統計的に解読不可能となる．

【例 3.10】 $P(X_i = x) \neq 1/2$ で $P(Z_i = 0) = 1/2$ が必ずしも保証されているとは限らない場合

$P(Z_i=0)=1/2-\epsilon$ と置く．ここで $0<|\epsilon|<1/2$ とする．このとき

$$
\begin{aligned}
P(X_i=1) &= P(\xi_i=0)P(Z_i=1)+P(\xi_i=1)P(Z_i=0) \\
&= P(\xi_i=0)\left(1-P(Z_i=0)\right)+\left(1-P(\xi_i=0)\right)P(Z_i=0) \\
&= P(\xi_i=0)\left(1-2P(Z_i=0)\right)+P(Z_i=0) \\
&= 2\epsilon P(\xi_i=0)+\left(\frac{1}{2}-\epsilon\right)
\end{aligned}
$$

よって，

$$
P(\xi_i=0)=\frac{P(X_i=1)-\left(\dfrac{1}{2}-\epsilon\right)}{2\epsilon} \tag{3.10}
$$

$P(X_i=1)(\neq 1/2)$ は固定して，上の式より $\epsilon=1/2-P(X_i=1)$ ととれば $P(\xi_i=0)=0$ となり，$\epsilon=P(X_i=1)-1/2$ ととれば $P(\xi_i=0)=1$ が得られる．$P(\xi_i=1)$ についても $P(\xi_i=0)$ と対になった形で同様の議論ができる．これは統計的に解読不可能の条件 (RS.1) が満たされることを示している．そして式 (3.10) は $\epsilon=1/2-P(X_i=1)$ または $\epsilon=P(X_i=1)-1/2$ の近傍の一方の側で ϵ に関して連続であるから，そこにおいて $P(\xi_i=0)$ および $P(\xi_i=1)$ の解として無限個存在することになる．統計的に解読不可能の条件 (RS.2) が満たされることを示している．以上により，$P(X_i=x)\neq 1/2$ で $P(Z_i=0)$ が $1/2$ からずれている場合においても統計的に解読不可能ということになる．

$|\epsilon|=1/2$ の場合を考えてみよう．これは $P(Z_i=0)=0$ または $P(Z_i=0)=1$ を意味する．前者の場合は $P(Z_i=1)=1$ である．式 (3.8) より $P(Z_i=1)=1$ の場合は $P(X_i=x)=P(\xi_i=x-1)$ となり，$P(Z_i=0)=1$ の場合は $P(X_i=x)=P(\xi_i=x)$ となり統計的に解読不可能の条件を満たさず，**統計的に解読可能**になる．メッセージに $\{Z_i\}$ を加えるといっても前者の場合には常にメッセージに1を加えているということであり，後者の場合にはメッセージをそのまま送信していることになり，いずれの場合も X_i の確率からメッセージ ξ_i の確率が分かることになり，共に統計的に解読可能になるのは明らかである．これらの場合は

$P(Z_i = 1) = 1$ または $P(Z_i = 0) = 1$ という $\{Z_i\}$ に対してあらかじめ情報を持っているときの話である．この例の前半の議論はこれらのあらかじめの情報がない場合の話である．

これまで式 (3.7) を用いて i ごと（i ビットごと）に考えてきたが，前後の送信信号との関係も解読の問題を議論する際には重要と考えられる．これにはメッセージの 1 文字が何ビットで送信されているかがあらかじめ分かっている場合と分かっていない場合とでは議論の仕方が変わってくるが，ここではメッセージの 1 文字は m ビット（1 文字のビットの長さは m）で送られていることがあらかじめ分かっているという簡単な場合の議論を行うことにする．

得られた標本においてメッセージの 1 文字が $i = 1$ から始まるかどうかは分からないが，話を簡単にするため $i = 1$ から始まっているとする．観測できるのは $\{X_i\}$ だけであるが，観測で得られた標本の大きさは mN（N は $N \geq 1$ である整数）であるとして標本を

$$X_{(j-1)m+l} = \xi_{(j-1)m+l} + Z_{(j-1)m+l}, \quad 1 \leq j \leq N, 1 \leq l \leq m \tag{3.11}$$

と表すことにする．そして表現を見やすくするため m 次元確率変数ベクトル（縦ベクトル）

$$\begin{aligned}
\mathbf{X}_j^{vec} &= (X_{(j-1)m+1}, X_{(j-1)m+2}, \cdots, X_{(j-1)m+m})^t, \\
\boldsymbol{\xi}_j^{vec} &= (\xi_{(j-1)m+1}, \xi_{(j-1)m+2}, \cdots, \xi_{(j-1)m+m})^t, \\
\mathbf{Z}_j^{vec} &= (Z_{(j-1)m+1}, Z_{(j-1)m+2}, \cdots, Z_{(j-1)m+m})^t
\end{aligned}$$

を用いることにする．式 (3.7) を m ビットごとにまとめて表現すると

$$\mathbf{X}_j^{vec} = \boldsymbol{\xi}_j^{vec} + \mathbf{Z}_j^{vec} \tag{3.12}$$

となる．右辺のベクトルと左辺のベクトルは同じ要素番号どうしを等号で結ぶと式 (3.11) が得られる．和は 2 進法である．$\boldsymbol{\xi}_j^{vec}$ と $\mathbf{Z}_j^{vec}$ は独立である．

$\boldsymbol{\xi}_j^{vec}$ はメッセージである．例えばメッセージの最初の部分と最後の部

分では確率分布が異なることが十分考えられる．したがって以降の議論は任意な j を一つとってそれを固定して考えていくことにする．

m 次元ベクトルで各要素が0か1であるベクトル（縦ベクトル）の全体を Π_m と表す．Π_m は 2^m 個の m 次元ベクトルの集合である．$\mathbf{a}^{vec}$, $\mathbf{b}^{vec}, \mathbf{x}^{vec}$ を Π_m の任意な元とする．$\mathbf{X}_j^{vec}, \boldsymbol{\xi}_j^{vec}, \mathbf{Z}_j^{vec}$ がそれぞれ $\mathbf{x}^{vec}$, $\mathbf{a}^{vec}, \mathbf{b}^{vec}$ をとる確率を $P(\mathbf{X}_j^{vec} = \mathbf{x}^{vec}), P(\boldsymbol{\xi}_j^{vec} = \mathbf{a}^{vec}), P(\mathbf{Z}_j^{vec} = \mathbf{b}^{vec})$ のように表すことにする．これらはベクトルではなく1次元の値である．式 (3.12) より

$$P(\mathbf{X}_j^{vec} = \mathbf{x}^{vec}) = \sum_{\mathbf{a}^{vec}} P(\boldsymbol{\xi}_j^{vec} = \mathbf{a}^{vec}) P(\mathbf{Z}_j^{vec} = \mathbf{x}^{vec} - \mathbf{a}^{vec}) \tag{3.13}$$

である．ここで，$\displaystyle\sum_{\mathbf{a}^{vec}}$ は Π_m に属している $\mathbf{a}^{vec}$ を用いて $P(\boldsymbol{\xi}_j^{vec} = \mathbf{a}^{vec})$, $P(\mathbf{Z}_j^{vec} = \mathbf{x}^{vec} - \mathbf{a}^{vec})$ を求め，これを Π_m に属している全ての $\mathbf{a}^{vec}$ について行い，$P(\boldsymbol{\xi}_j^{vec} = \mathbf{a}^{vec}) P(\mathbf{Z}_j^{vec} = \mathbf{x}^{vec} - \mathbf{a}^{vec})$ の値の和を求めることを意味する．このとき，統計的に解読不可能は前に1ビット（1次元の確率変数）に対して考えたが，そこでの1ビット（1次元の変数）を全て m ビットの組み（m 次元ベクトル）に直して同じように考えることにする．

統計的に解読不可能（ベクトル値の場合）を次のように考えることにする．

メッセージの1文字のビットの長さ m はあらかじめ分かっているものとする．式 (3.13) について

(RV.1)　任意な $\mathbf{a}^{vec}$ ($\mathbf{a}^{vec} \in \Pi_m$) に対して $P(\boldsymbol{\xi}_j^{vec} = \mathbf{a}^{vec}) = 1$ および $P(\boldsymbol{\xi}_j^{vec} = \mathbf{a}^{vec}) = 0$ も解としてあり得る
(RV.2)　$P(\boldsymbol{\xi}_j^{vec} = \mathbf{a}^{vec})$ の値に関して無限個の解の可能性があり，それらには優先順位がつけられない

の場合には統計的には解読不可能と考え，**統計的に解読不可能（ベクトル値の場合）**と呼ぶことにする．

【例 3.11】 $\{Z_i\}$ が SNH を満たしている場合（$\{Z_i\}$ に関して事前の情報がある場合）

この場合，任意な $\mathbf{x}^{vec}, \mathbf{a}^{vec} \in \Pi_m$ に対して $P(\mathbf{Z}_j^{vec} = \mathbf{x}^{vec} - \mathbf{a}^{vec}) = \dfrac{1}{2^m}$ であるから

$$P(\mathbf{X}_j^{vec} = \mathbf{x}^{vec}) = \frac{1}{2^m} \sum_{\mathbf{a}^{vec}} P(\boldsymbol{\xi}_j^{vec} = \mathbf{a}^{vec}) = \frac{1}{2^m}$$

となるから例 3.8 と同様に (RV.1)，(RV.2) が成り立ち統計的に解読不可能である．

【例 3.12】 $\{Z_i\}$ が SNH を満たしているかどうか不明の場合

一般的な m で考えると複雑で分かりにくくなるため，$m = 2$ で考えることにする．Π_2 を構成しているのは $(0,0)^t, (0,1)^t, (1,0)^t, (1,1)^t$ である．ここでは式 (3.13) の $\sum_{\mathbf{a}^{vec}}$ はこの順番で加えることにする．ここで，$\mathbf{X}_j^{vec} = (1,0)^t$ が出現したとする．

$$\begin{aligned} P(\mathbf{X}_j^{vec} = (1,0)^t) = &P(\boldsymbol{\xi}_j^{vec} = (0,0)^t) P(\mathbf{Z}_j^{vec} = (1,0)^t) \\ &+ P(\boldsymbol{\xi}_j^{vec} = (0,1)^t) P(\mathbf{Z}_j^{vec} = (1,1)^t) \\ &+ P(\boldsymbol{\xi}_j^{vec} = (1,0)^t) P(\mathbf{Z}_j^{vec} = (0,0)^t) \\ &+ P(\boldsymbol{\xi}_j^{vec} = (1,1)^t) P(\mathbf{Z}_j^{vec} = (0,1)^t) \end{aligned}$$

となる．$P(\boldsymbol{\xi}_j^{vec} = (0,1)^t)$ を例にとってみる．$P(\boldsymbol{\xi}_j^{vec} = (0,1)^t) = 1$ となる解が存在するかどうかを検討してみる．このときは $(0,1)^t$ 以外の Π_2 の任意なベクトル $\mathbf{a}^{vec}$ に対して $P(\boldsymbol{\xi}_j^{vec} = \mathbf{a}^{vec}) = 0$ である．そして

$$P(\mathbf{X}_j^{vec} = (1,0)^t) = P(\mathbf{Z}_j^{vec} = (1,0)^t - (0,1)^t = (1,1)^t)$$

でなければならない．このとき，

$$P(\mathbf{Z}_j^{vec}=(0,0)^t)=P(\mathbf{X}_j^{vec}=(0,1)^t),$$
$$P(\mathbf{Z}_j^{vec}=(0,1)^t)=P(\mathbf{X}_j^{vec}=(0,0)^t),$$
$$P(\mathbf{Z}_j^{vec}=(1,0)^t)=P(\mathbf{X}_j^{vec}=(1,1)^t)$$

という場合を想定すれば，実現可能である．また式 (3.13) を用い，例えば $P(\boldsymbol{\xi}_j^{vec}=(0,1)^t)=1$ とそれを実現させる $P(\mathbf{Z}_j^{vec}=\mathbf{x}^{vec}-\mathbf{a}^{vec})$（$\mathbf{a}^{vec}$ は Π_2 の任意な元）の値を連続的に近傍で変化させることにより優先順位のない無限個の解が存在することになる．したがって (RV.1), (RV.2) が成り立ち，この場合も統計的に解読不可能である．

同様にして，一般の場合も統計的に解読不可能である．

【例 3.13】　$\{Z_i\}$ または $\{X_i\}$ が周期 m で完全に繰り返しになっている場合

ここで，j は固定して $\mathbf{X}_j^{vec},\boldsymbol{\xi}_j^{vec},\mathbf{Z}_j^{vec}$ においてのみ議論をしているから，この場合には例 3.12 と同じ議論になる．

しかし，メッセージのある範囲（$1\le j\le n$）においてはその範囲の j における $P(\boldsymbol{\xi}_j^{vec}=\mathbf{a}^{vec})$（任意な $\mathbf{a}^{vec}$ について）が全ての j について同じ値であると見なせる場合がある．その範囲の i,j についてあらためて番号をつけ直し，$\{Z_i;1\le i\le nm\},\{\xi_i;1\le i\le nm\},\{X_i;1\le i\le nm\},\{\mathbf{Z}_j^{vec};1\le j\le n\},\{\boldsymbol{\xi}_j^{vec};1\le j\le n\},\{\mathbf{X}_j^{vec};1\le j\le n\}$ とする．

まず，$\{Z_i\}$ が周期 m で完全に繰り返しになっていることが事前に分かっている場合を議論する．b_i は 0 か 1 を表す定数とする．簡単のため $i=1$ から周期 m で繰り返しになっているとする．ある $\mathbf{b}^{vec}=(b_1,b_2,\cdots,b_m)^t$ が存在して全ての j $(1\le j\le n)$ に対して $\mathbf{Z}_j^{vec}=(Z_{(j-1)m+1},Z_{(j-1)m+2},\cdots,Z_{(j-1)m+m})^t=\mathbf{b}^{vec}$ となっている場合である．この場合には $P(\mathbf{Z}_j^{vec}=\mathbf{b}^{vec})=1,P(\mathbf{Z}_j^{vec}=\mathbf{b}_1^{vec})=0$ $(\mathbf{b}_1^{vec}\ne\mathbf{b}^{vec},\mathbf{b}_1^{vec}\in\Pi_m)$ である．このとき m 次元ベクトルで表される任意なメッセージの 1 文字（j が対応するとする）である $\boldsymbol{\xi}_j^{vec}=\mathbf{a}^{vec}$ に対して送信信号は $\mathbf{x}^{vec}=\mathbf{a}^{vec}+\mathbf{b}^{vec}$ となり (RV.1) も (RV.2) も満たされず，明らかに解読に有利である（$\mathbf{X}_j^{vec}$ から Π_m に属する 2^m 個の元を引き算してみることを試す

などすればよいことになる).

次に $\{X_i\}$ が周期 m で完全に繰り返しになっている場合を検討してみる. x_i は0か1を表す定数とし, ある m 次元ベクトル $\mathbf{x}^{vec} = (x_1, x_2, \cdots, x_m)^t$ が Π_m に存在し, $P(\mathbf{X}_j^{vec} = \mathbf{x}^{vec}) = 1$ であり, 任意な $\mathbf{x}_1^{vec}$ ($\mathbf{x}_1^{vec} \in \Pi_m$, $\mathbf{x}_1^{vec} \neq \mathbf{x}^{vec}$) に対して $P(\mathbf{X}_j^{vec} = \mathbf{x}_1^{vec}) = 0$ となっているということである. この状況において (RV.1), (RV.2) が成り立つかどうかを調べてみる. 任意なベクトル $\mathbf{a}^{vec} \in \Pi_m$ に対して $P(\boldsymbol{\xi}_j^{vec} = \mathbf{a}^{vec}) = 1$ が解になり得るかどうかを調べてみる. このとき $P(\boldsymbol{\xi}_j^{vec} = \mathbf{a}_1^{vec}) = 0$ ($\mathbf{a}_1^{vec} \neq \mathbf{a}^{vec}$, $\mathbf{a}_1^{vec} \in \Pi_m$) となる. そして $P(\mathbf{Z}_j^{vec} = \mathbf{x}^{vec} - \mathbf{a}^{vec}) = P(\mathbf{X}_j^{vec} = \mathbf{x}^{vec}) = 1$, $P(\mathbf{Z}_j^{vec} = \mathbf{x}_1^{vec} - \mathbf{a}^{vec}) = P(\mathbf{X}_j^{vec} = \mathbf{x}_1^{vec}) = 0$ ($\mathbf{x}_1^{vec} \neq \mathbf{x}^{vec}$, $\mathbf{x}_1^{vec} \in \Pi_m$) であれば式 (3.13) を満たす. このことを使えば $P(\boldsymbol{\xi}_j^{vec} = \mathbf{a}^{vec}) = 0$ も解になり得ることが示せる. そして例 3.12 と同じような考察を行うと無限個の解が存在することが示せる. したがって (RV.1), (RV.2) が成り立ち, 統計的に解読不可能になる.

例 3.13 の前半は, メッセージの送信において周期性の強い $\{Z_i\}$ を用いることは, 注意を要することを示している.

3.4.2 暗号化送信に用いる乱数の検定について

一般的に統計学の分野では乱数性の検定法は数多く提案されている (例えば [7] 参照). 3.2 節で紹介した検定法の中には今まで統計学の分野であまり馴染みのなかった興味ある検定法もいくつか含まれていた. それらを利用するにあたっては,「何の目的で用いるか」を明確にする必要があると思われる. 別の言葉でいえば,「0 と 1 の数列がどのような統計的性質を持っていると, それをメッセージの送信の際に用いない方がよいか」を明確にし, どの部分をチェックする検定法であるかを明らかにしておく必要があると考えられる. 統計的検定論の立場からいえば「帰無仮説」と「対立仮説」を明確にして用いるべきだろう.

「帰無仮説」は本来ならば「送信信号が解読されない」ということであると考えるが, 前にも述べたように「解読可能」,「解読不可能」の統計的な定義が十分にでき上がっていないようである. 3.4.1 項では統計的な意味でこれらの定義を試みたが，これらについては今後さらに検討を積み重ねていかなければならないと考えている．帰無仮説については本書ではとりあえず「0·1数列 $\{Z_i\}$ において $P(Z_i=0)=P(Z_i=1)=1/2$ で i ごとに独立である」（今まで SNH と表記して本来の帰無仮説と区別してきている）を用いてきた．

例3.8および例3.11，また後ほど述べる例3.15での検討等から，SNH の「$P(Z_i=0)=P(Z_i=1)=1/2$」の部分は「統計的解読不可能」の観点からなるべく満たしていることが望ましいと考えられる（必ずしも厳密に満たしている必要はないと考えられるが）．そのための検定法は次のようである．大きさ n の標本 $\{Z_i; 1\le i\le n\}$ において1が出現する相対度数は

$$\hat{p}=\frac{\displaystyle\sum_{i=1}^{n} Z_i}{n}\quad（和は10進法）$$

である．SNH のもとで

$$任意な\,i\,に対し\quad E(Z_i)=\frac{1}{2},\quad V(Z_i)=\frac{1}{4},\quad V(\hat{p})=\frac{1}{4n}$$

である．したがって帰無仮説「$P(Z_i=1)=1/2$」の検定統計量として

$$\hat{q}_n=2\sqrt{n}\left(\hat{p}-\frac{1}{2}\right)$$

を用いる．SNH のもとで $\hat{q}_n$ の確率分布は $n\to\infty$ とするとき中心極限定理 ([9]) によって平均値0，分散1の正規分布 $N(0,1)$ に収束することを示すことができる．したがって標本の大きさ n が十分大きい場合には帰無仮説「$P(Z_i=1)=1/2$」を対立仮説「$P(Z_i=1)\neq 1/2$」に対して検定するには，有意水準を α として $N(0,1)$ に従う確率変数を T とするとき $P(|T|\ge d_\alpha)=\alpha$ となる d_α を求めて，標本から得られた $\hat{q}_n$ がもし $|\hat{q}_n|\ge d_\alpha$ ならば帰無仮説「$P(Z_i=1)=1/2$」を棄却し，暗号化送信には用いないようにする．

仮説検定論的には上記の帰無仮説と対立仮説のもとで，最も良い検定法は何かという観点から議論すべきであるが，ここではこの状況から自然に

考えられる $\hat{p}$ を用いた検定法を記した.

次に例 3.13 での検討から $\{Z_j\}$[17] に強い周期性があると解読に有利になることを示したが，このことから強い周期性を持つかどうかの検定が必要と考える．このための統計的検定法として統計学の分野でよく用いられているのが **自己相関係数** (**autocorrelation coefficient**) または**ピリオドグラム** (**periodogram**)[18] を用いる検定である．時間差 h $(h \geq 0)$ の自己相関係数 ρ_h[19] の推定量 $\hat{\rho}_h$ は

$$\hat{\rho}_h = \frac{\dfrac{1}{n-h}\displaystyle\sum_{j=1}^{n-h}\left(Z_j - \frac{1}{2}\right)\left(Z_{j+h} - \frac{1}{2}\right)}{\dfrac{1}{n}\displaystyle\sum_{j=1}^{n}\left(Z_j - \frac{1}{2}\right)^2}$$

であり，$h \geq 1$ の場合には $n \to \infty$ のとき SNH のもとで $4\sqrt{n-h}\hat{\rho}_h$ の確率分布は $N(0,1)$ に収束することが示されている [1]．これを用いて帰無仮説 $\rho_h = 0$（h 離れた値の互いのとり方の傾向には（線形）関係がない）に対する仮説検定を行う．いずれかの h $(h \geq 1)$ で帰無仮説が棄却され，それらの中のある h について $|\hat{\rho}_h|$ が大きい場合[20]には，$\{Z_j\}$ をメッセージの送信には用いない.

一方，ピリオドグラムの方は $\{Z_j\}$ に含まれる強い**周期** (**period**) を直接検出する検定統計量である．周波数 λ（周期は $1/\lambda$）におけるピリオドグラムは

---

17) これまで Z_i として表記してきたが虚数の i と混乱が生じるので，ここでは Z_j と記すことにする.

18) 3.2.1 項の NIST の提案による乱数性の統計的検定方法 (6) および [16] において Discrete Fourier Transform (Spectral) Test として示されている方法と趣旨は同じであるが，詳細が異なる.

19) 時間差 h は，ここでは $\{Z_j\}$ において $Z_1, Z_2, \cdots, Z_j, \cdots, Z_{j'}, \cdots$ と順序に従って並べたときに，j' と j の差が h を意味する．Z_j のとる値と $Z_{j'}$ のとる値，すなわち h 離れた両者の値がどの程度似た傾向の値のとり方をするかを -1（逆傾向）と 1（同傾向）の間の値で示す一種の相関係数.

20) 異常に大．強い周期がある可能性があり.

$$
\begin{aligned}
I_n(\lambda) &= \frac{1}{n}\left|\sum_{j=1}^{n}\left(Z_j-\frac{1}{2}\right)\exp(2\pi j\lambda i)\right|^2 \\
&= \left(\frac{1}{\sqrt{n}}\sum_{j=1}^{n}\left(Z_j-\frac{1}{2}\right)\cos(2\pi j\lambda)\right)^2 \\
&\quad + \left(\frac{1}{\sqrt{n}}\sum_{j=1}^{n}\left(Z_j-\frac{1}{2}\right)\sin(2\pi j\lambda)\right)^2 \\
&= (I_n^{(1)}(\lambda))^2 + (I_n^{(2)}(\lambda))^2 \quad \text{（と置く．} i^2=-1\text{）}
\end{aligned}
$$

で定義される統計量である [1]．系列 $\{Z_j\}$ に強い周期の波が含まれている場合，その周期に対応する周波数 λ において大きな値をとる統計量で，強い周期（周波数）の検出に用いられる統計量である．帰無仮説 SNH のもとで $n \to \infty$ のときの確率分布を調べてみる．$\lambda \neq 0, \pm 1/2$ のとき $(I_n^{(1)}(\lambda), I_n^{(2)}(\lambda))$ の同時確率分布は平均値ベクトルが $(0,0)$，二つの分散が $(1/8, 1/8)$，共分散が 0 の共分散行列を持つ 2 次元正規分布（(x,y) 座標において，x, y とも同じ 1 次元正規分布で表され，その積の形になる）に収束することを示すことができる．$\lambda = 0, \pm 1/2$ のときには $I_n^{(1)}(\lambda)$ は平均値が 0，分散が 1/4 の 1 次元正規分布に収束することを示すことができる（このとき $I_n^{(2)}(\lambda) = 0$）．したがって帰無仮説 SNH のもとで $\lambda \neq 0, \pm 1/2$ のとき $8I_n(\lambda)$ は $n \to \infty$ のとき自由度 2 のカイ二乗分布に，$\lambda = 0, \pm 1/2$ のときには $4I_n(\lambda)$ は自由度 1 のカイ二乗分布に収束する．このことを用いて仮説検定を行う．帰無仮説は「$\{Z_j\}$ は SNH に従っている」であり，対立仮説は「$\{Z_j\}$ に強い周期が存在する」である．周波数 λ ごとに行い，有意水準を α として対立仮説を考慮に入れて片側検定を行い，$\lambda \neq 0, \pm 1/2$ のとき自由度 2 のカイ二乗分布における棄却点 d を求め，$8I_n(\lambda) \geq d$ となったときには帰無仮説を棄却する．$\lambda = 0, \pm 1/2$ のときには自由度 1 のカイ二乗分布から棄却点 d を求め，$4I_n(\lambda) \geq d$ となったときには帰無仮説を棄却する．いずれかの λ で棄却された場合には，$\{Z_j\}$ をメッセージの送信には用いない．

【例 3.14】　強い周期を持つ 0・1 数列に対してピリオドグラム $I_n(\lambda)$ がど

のような値をとるかを具体的に求めてみる．0と1の長さ5のパターン$\{0,0,0,0,1\}$を200回繰り返して

$$\{0,0,0,0,1,\ 0,0,0,0,1,\ 0,0,0,0,1,\ \cdots,\ 0,0,0,0,1\}$$

のように大きさ$n = 10^3$の標本をつくる．作成した意図から，周期5を持つはずである．対応する周波数は$\lambda = 1/5$である．この周波数に対するピリオドグラムの値$I_n(1/5)$を求めてみる．まず$I_n^{(1)}(1/5)$の値を求める．

$$\begin{aligned}
&\sum_{j=1}^{5}\left(Z_j - \frac{1}{2}\right)\cos\frac{2\pi j}{5} \\
&= \left(0-\frac{1}{2}\right)\cos\frac{2\pi}{5} + \left(0-\frac{1}{2}\right)\cos\frac{4\pi}{5} + \left(0-\frac{1}{2}\right)\cos\frac{6\pi}{5} \\
&\quad + \left(0-\frac{1}{2}\right)\cos\frac{8\pi}{5} + \left(1-\frac{1}{2}\right)\cos\frac{10\pi}{5} \\
&= \frac{1}{2}\left(\cos\frac{3\pi}{5} + \cos\frac{\pi}{5} + \cos\frac{\pi}{5} + \cos\frac{3\pi}{5} + 1\right) = 1.
\end{aligned} \tag{3.14}$$

補足

式(3.14)については$\cos\frac{\pi}{5} + \cos\frac{3\pi}{5} = \frac{1}{2}$が成り立つ．これは

$$\sum_{j=0}^{5}\cos\frac{\pi j}{5} = 0,$$

$$\cos\frac{3\pi}{5} = -\cos\frac{2\pi}{5}, \quad \cos\frac{4\pi}{5} = -\cos\frac{\pi}{5}$$

$$\sum_{j=0}^{2}(-1)^{j+1}\exp\frac{\pi j}{5}i = -\frac{1+\exp\frac{3\pi}{5}i}{1+\exp\frac{\pi}{5}i}$$

に着目すれば，導き出すことができる．

次の

$$\sum_{j=6}^{10}\left(Z_j - \frac{1}{2}\right)\cos\frac{2\pi j}{5}$$

は，例えば $j=6$ について見ると，

$$\left(Z_6-\frac{1}{2}\right)\cos\frac{12\pi}{5}=\left(0-\frac{1}{2}\right)\cos\left(2+\frac{2}{5}\right)\pi=\left(0-\frac{1}{2}\right)\cos\frac{2\pi}{5}$$

と $j=1$ の繰り返しになり，他も同様で，$\displaystyle\sum_{j=1}^{1000}\left(Z_j-\frac{1}{2}\right)\cos\frac{2\pi j}{5}$ は $j=1$ から $j=5$ の和の 200 倍をしておけばよいことが分かり

$$\sum_{j=1}^{1000}\left(Z_j-\frac{1}{2}\right)\cos\frac{2\pi j}{5}=200$$

となる．したがって

$$(I_n^{(1)}(\lambda))^2=\frac{200^2}{1000}=40$$

である．同様の計算を行えば

$$\sum_{j=1}^{1000}\left(Z_j-\frac{1}{2}\right)\sin\frac{2\pi j}{5}=0$$

であることが分かる．したがって

$$I_{1000}\left(\frac{1}{5}\right)=40$$

となる．比較のために $\lambda=0$ のときの $I_{1000}(0)$ を求めてみる．

$$\begin{aligned}I_{1000}(0)&=\frac{1}{1000}\left(\sum_{j=1}^{1000}\left(Z_j-\frac{1}{2}\right)\right)^2\\&=\frac{1}{1000}\left(-\frac{3\times 200}{2}\right)^2=90.\end{aligned}$$

$\lambda=0$ のときのピリオドグラムの値が強く出ているように受け取られる．しかし，$\lambda=0,\pm1/2$ のときと $\lambda\neq0,\pm1/2$ のときは基準を変えて判断する必要がある．$4I_n(0)$ は $n\to\infty$ のとき自由度 1 のカイ二乗分布に，$\lambda\neq0,\pm1/2$ のとき $8I_n(\lambda)$ は $n\to\infty$ のとき自由度 2 のカイ二乗分布に収束する．有意水準を共に 0.05 とするとき片側検定での棄却点は，

$4I_n(0)$ に関しては 3.84 となり，$8I_n\left(\frac{1}{5}\right)$ に関しては 5.99 である．この例におけるこれらの標本値はそれぞれ $4\times 90=360$, $8\times 40=320$ であり，共に棄却されることにはなる．とにかくピリオドグラムにより，この 0・1 数列に周波数 $\lambda=1/5$（周期 5）で強い周期が含まれていることを見出すことができる．一方，$\lambda=1/20$ のときの値は

$$
\begin{aligned}
I_{1000}\left(\frac{1}{20}\right) &= \frac{1}{1000}\left|\sum_{j=1}^{1000}\left(Z_j-\frac{1}{2}\right)\exp\frac{2\pi j}{20}i\right|^2 \\
&= \left(\frac{1}{\sqrt{1000}}\sum_{j=1}^{1000}\left(Z_j-\frac{1}{2}\right)\cos\frac{2\pi j}{20}\right)^2 \\
&\quad + \left(\frac{1}{\sqrt{1000}}\sum_{j=1}^{1000}\left(Z_j-\frac{1}{2}\right)\sin\frac{2\pi j}{20}\right)^2.
\end{aligned}
$$

まず $j=1$ から $j=20$ までの和を求めてみる．

$$
\begin{aligned}
&\sum_{j=1}^{20}\left(Z_j-\frac{1}{2}\right)\cos\frac{2\pi j}{20} \\
&\quad = \sum_{j=1}^{10}\left(Z_j-\frac{1}{2}\right)\left(\cos\frac{2\pi j}{20}+\cos\frac{2\pi(10+j)}{20}\right)=0.
\end{aligned}
$$

同様に

$$
\begin{aligned}
&\sum_{j=1}^{20}\left(Z_j-\frac{1}{2}\right)\sin\frac{2\pi j}{20} \\
&\quad = \sum_{j=1}^{10}\left(Z_j-\frac{1}{2}\right)\left(\sin\frac{2\pi j}{20}+\sin\frac{2\pi(10+j)}{20}\right)=0.
\end{aligned}
$$

$j=21$ から $j=1000$ については 20 ずつで区切れば上の計算の繰り返しになるから，結局 $I_{1000}\left(\frac{1}{20}\right)=0$ となる．周波数領域 $[0,1/2]$ を 10 等分した各周波数に対するピリオドグラムの値は図 3.5 のようになっている．横軸の目盛 l は周波数 $l/20$ に対応している．周期 5（周波数 $\lambda=1/5$ で分点 4）で繰り返している系列であるから，当然，周期 20 $(\lambda=1/20)$ を

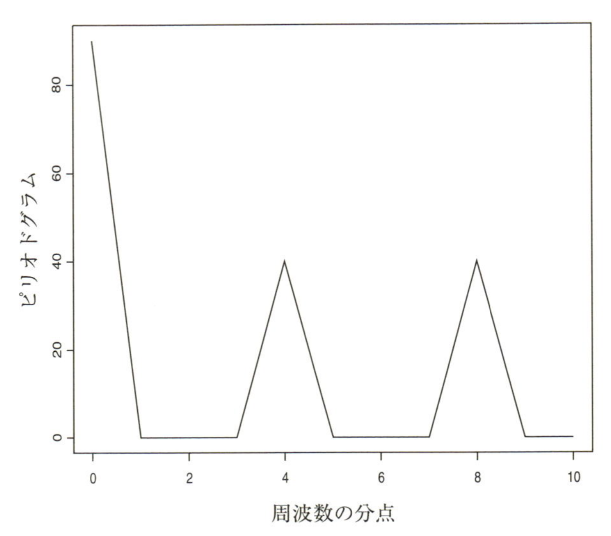

図 3.5　ピリオドグラムの計算例：00001 を 200 回繰り返してできた 0・1 数列（標本の大きさ 1,000）.

持つことになるが，この例の場合は周期 20 ($\lambda = 1/20$) に対するピリオドグラムの値は 0 になっている．周期 15（周波数 1/15．この図では分点に当たらなくて計算されていない．別に計算するとピリオドグラムの値は 0.00255），周期 10（周波数 1/10 で分点 2）の繰り返しも持つはずであるが，周波数 1/10（分点 2）ではピリオドグラムの値は 0 になっている．一方，周波数 $8/20 = 2/5$（分点 8）では周波数 $4/20 = 1/5$（分点 4）と同様にピリオドグラムの値は 40 と比較的強い値が出ている．

3.4.1 項での考察を考慮に入れるととりあえずは $\{Z_j\}$ に対してこの 2 個の統計的検定を行った方がよいと考えられるが，今後は「帰無仮説」，「対立仮説」（暗号の送信においてどのような状況を避けなければならないか）を明確にして必要な検定法を加えていく必要があると考える．また解読する側に立てば，0・1 数列 $\{Z_i\}$ に 0 か 1 のどちらか一方の数字に偏ったものが使われていたり，強い周期を持つものが使われている可能性を疑って，受信信号の各ビットの値に全て同じ a（0 または 1）を加えたり，受信信号を相続く長さ m のビットで区切り m 次元ベクトルを次々と作成し，各 m 次元ベクトルに m 次元の定まったベクトル $\mathbf{a}^{vec}$ を加えてみることなどにより解読のためのヒントを得ることなど，とにかくまず第一段階として考えられるだろう．

3.4.3　乱数の検定に用いる標本の大きさについて

[16] によれば，暗号の分野で用いる乱数の乱数性の検定には標本の大きさとして 10^3〜10^7 を想定していることが示されている．しかしこの分野で使用するためにこれだけの大きさの標本を一度に用いて検定を行うことが果たして適当なのだろうか？　当然のことではあるが，標本の大きさが大きくなればなるほど棄却されないためには帰無仮説からのずれが小さくなることが要求されるが，通常用いている仮説検定法においては，この基準の厳しくなり方が実用面からは不都合ではないかとの指摘は今まで多くされてきている（[13] 等）．このような点と共に，そしてこの分野で使用する目的等も考慮に入れ慎重な使用が求められる．

例えば帰無仮説「$P(Z_i = 1) = 1/2$」，対立仮説「$P(Z_i = 1) \neq 1/2$」の検定（以下では簡単に「一様性」または「一様性の検定」と呼ぶことにする）のため $\hat{q}_n = 2\sqrt{n}\,(\hat{p} - 1/2)$ を用いたとする（3.4.2 項参照）．SNH のもとで $\hat{q}_n$ の確率分布は $n \to \infty$ のとき $N(0,1)$ に収束する．この確率分布 $N(0,1)$ に従う確率変数を T とする．有意水準を α として n が十分大きいとき $N(0,1)$ を用いて両側検定の棄却点を d_α（すなわち $P(|T| \geq d_\alpha) = \alpha$）として，標本から求めた $\hat{q}_n$ の値が $|\hat{q}_n| \geq d_\alpha$ となったとき帰無仮説「一様性」を棄却し，暗号の送信には用いないという筋で検定作業は進むことになる．これが果たして適当だろうか？

【例 3.15】　作成した 0・1 数列による実験である．標本の大きさを $n = 2000$，有意水準を $\alpha = 0.05$ とし，両側検定を行う．$\hat{q}_n$ の値は $\hat{q}_n = 0.5145$ となり，$P(|T| \geq 0.5145) = 0.60690$ で帰無仮説は採択される．標本の大きさを $n = 200$ とするとき，$\hat{q}_n = 0.84853$ となり，$P(|T| \geq 0.84853) = 0.39614$ となり，この場合も帰無仮説は採択される．この 0・1

数列の最初の 50 個を 0 で置き換えてみる[21]．この置き換えた 0・1 数列の最初の部分を暗号の送信に用いる場合には例 3.10 の意味において統計的に解読可能であるから，用いない方がよいといえる．この置き換えた 0・1 数列について $n = 2000$ のとき $\hat{q}_n$ の値を求めてみると $\hat{q}_n = 0$ で，$P(|T| \geq 0) = 1$ となり，帰無仮説「一様性」は棄却されない[22]．一方，この置き換えた 0・1 数列について，最初から 200 個をとり大きさ $n = 200$ の 0・1 数列として $\hat{q}_n$ の値を求めてみると，$\hat{q}_n = -3.25269$ である．そして $P(|T| \geq 3.25269) = 0.00114$ であるから帰無仮説「一様性」は棄却される．つまり，最初の 50 個が 0 である 0・1 数列は大きさ 2,000 の標本として調べると，帰無仮説「一様性」は採択され暗号の送信に用いられることになるが，大きさ 200 の標本にして調べると，帰無仮説「一様性」は棄却され暗号の送信に用いられないことになる．

一般的に 0・1 数列 $\{Z_i\}$ をメッセージの送信に用いる場合，0 が連続して K ビット続くと解読に有利になり不都合であるとする[23]．検定に用いる標本の大きさを n^* とする（話を簡単にするため，1 ビット目から K ビット目が 0，すなわち $\{Z_i = 0; 1 \leq i \leq K\}$ であるとする）．この数列が「一様性」に関する検定においてなるべく棄却されるためには n^* はどのような値であることが望ましいかを検討してみる．有意水準を $\alpha = 0.05$ とする．$N(0,1)$ において両側検定における有意水準 $\alpha = 0.05$ での棄却点 $d, -d$ は $d = 1.95996$ と $-d = -1.95996$ である．この仮説検定において棄却されるためには

$$\hat{T}_{n^*} = 2\sqrt{n^*}\left(\hat{p} - \frac{1}{2}\right) \leq -d \text{ または } \hat{T}_{n^*} = 2\sqrt{n^*}\left(\hat{p} - \frac{1}{2}\right) \geq d$$

---

[21] S-PLUS, `rnorm`, `set.seed(523)` より変換．

[22] ここで，「最初の 50 個を 0 で置き換える」としたのは，あくまで話を単純化するためのもので，本来は 0・1 数列の任意な場所の連続した 50 個を 0 で置き換えるとすべきである．しかしその場合の数学的取り扱いは，最初の 50 個を 0 で置き換えた場合とこの例の状況においては基本的に同じであるので，「最初の 50 個を 0 で置き換える」と単純化して扱っていくことにする．以下も同様である．

[23] 1 が連続して K ビット続く場合も同様である．

が成り立つ必要がある．ここでは1ビット目から K ビット目を0で置き換えているから $\hat{p}$ は置き換える前の値より小さくなっているはずである．$\hat{T}_{n^*} = 2\sqrt{n^*}\,(\hat{p} - 1/2) \geq d$ が考えられるが，この成立はより困難さが伴うため

$$\hat{T}_{n^*} = 2\sqrt{n^*}\left(\hat{p} - \frac{1}{2}\right) \leq -d \tag{3.15}$$

のみ注目することにする．式 (3.15) において $\{Z_i; 1 \leq i \leq n^*\}$ が確率変数として意味を持つのは $\{Z_i; K+1 \leq i \leq n^*\}$ であり，これらが SNH を満たす場合を考える．このとき式 (3.15) を書き直すと

$$\begin{aligned} 2\sqrt{n^*}\left(\hat{p} - \frac{1}{2}\right) &= 2\sqrt{n^*}\left(\frac{n^* - K}{n^*}\frac{\sum_{i=K+1}^{n^*} Z_i}{n^* - K} - \frac{1}{2}\right) \\ &= 2\sqrt{n^*}\left(\frac{n^* - K}{n^*}\left(\frac{\sum_{i=K+1}^{n^*} Z_i}{n^* - K} - \frac{1}{2}\right) - \frac{K}{2n^*}\right) \\ &\leq -d \end{aligned}$$

となり，変形すると

$$2\sqrt{n^* - K}\left(\frac{1}{n^* - K}\sum_{i=K+1}^{n^*} Z_i - \frac{1}{2}\right) < \frac{K}{\sqrt{n^* - K}} - d\frac{\sqrt{n^*}}{\sqrt{n^* - K}}. \tag{3.16}$$

式 (3.16) の左辺の確率分布は $n^* \to \infty$ のとき確率分布 $N(0,1)$ に収束し $-\infty$ から ∞ までの値をとり得る．β を α とは別に定める小さな確率とし，$N(0,1)$ の確率密度関数を $\phi(x)$ とするとき

$$\int_{-\infty}^{d_\beta} \phi(x)dx = 1 - \beta$$

である d_β を用い，左辺の値が $(-\infty, d_\beta]$ の範囲の値をとるときに当てはまる議論をすることにする（確率 $1-\beta$ で成り立つ議論ということになる）．このとき，標本の大きさ n^* の目安を次の方式で行うことを提案する．

【目安の提案 3.1】（0 が連続して K 個）

n^* は $n^* - K \geq 100$ とし，

$$d_\beta < \frac{K}{\sqrt{n^* - K}} - d\frac{\sqrt{n^*}}{\sqrt{n^* - K}} \tag{3.17}$$

が成り立つ最大の整数として定める．

左辺を最大値 d_β で置き換えて式 (3.16) が成り立つようにするというものである．$n^* - K \geq 100$ は中心極限定理による正規分布近似が有効であるためのものである．しかし厳密には式 (3.16) の左辺を正規分布で近似するとき，その近似誤差が存在し，あくまで n^* の一つの目安としての意味しか持たない．

最初から 1 が K ビット続く場合にメッセージの送信に用いるのは不都合という場合は，$\hat{p}$ は置き換える前の値より大きくなっているはずで

$$\hat{T}_{n^*} = 2\sqrt{n^*}\left(\hat{p} - \frac{1}{2}\right) \geq d$$

に注目することにする．この場合には

$$\begin{aligned}2\sqrt{n^*}\left(\hat{p} - \frac{1}{2}\right) &= 2\sqrt{n^*}\left(\frac{n^* - K}{n^*}\left(\frac{\sum_{i=K+1}^{n^*} Z_i}{n^* - K} + \frac{K}{n^* - K}\right) - \frac{1}{2}\right)\\ &= 2\sqrt{n^*}\left(\frac{n^* - K}{n^*}\left(\frac{\sum_{i=K+1}^{n^*} Z_i}{n^* - K} - \frac{1}{2}\right) + \frac{K}{2n^*}\right) \geq d\end{aligned}$$

が成り立つ必要がある．β と同様に小さな確率として d_β を求め 0 が連続して K 個の場合と同様の計算を行うと式 (3.17) と同じ式が得られる．

【例 3.16】「0 が 50 個続くとメッセージの送信に不都合」という場合に，このことを「一様性」の検定で検出するためには標本の大きさ n^* をどのようにすればよいかを調べてみる．$K = 50, \alpha = 0.05, \beta = 0.05$ とする．このとき $d = 1.95996, d_\beta = 1.64485$（$d_\beta$ は式 (3.17) の左辺の値）である．$n^* = 200$ とすると式 (3.17) の右辺の値は 1.81931 となり式 (3.17) は成立している．$n^* = 150$ とすると式 (3.17) の右辺の値は 2.59954 となり式 (3.17) は成立している．$n^* = 250$ とすると式 (3.17) の右辺の値

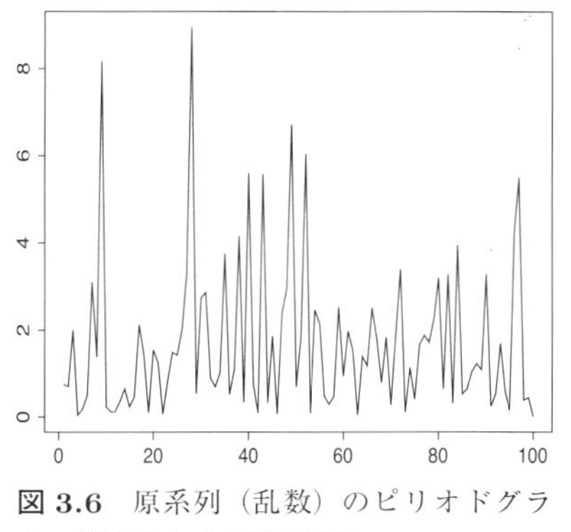

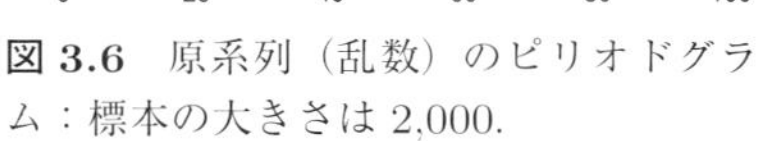
図 3.6　原系列（乱数）のピリオドグラム：標本の大きさは 2,000.

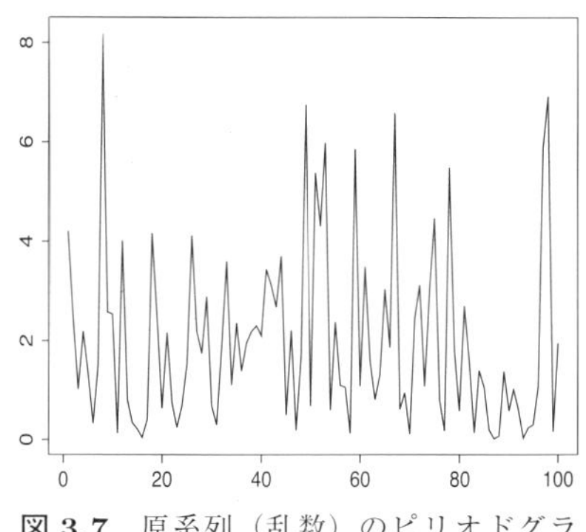

図 3.7　原系列（乱数）のピリオドグラム：標本の大きさは 200.

は 1.34423 となり式 (3.17) は成立しない．$n^* = 300$ とすると式 (3.17) の右辺の値は 1.01525 となり式 (3.17) は成立しない．したがって「一様性」を検定するための標本の大きさとして $n^* = 200$ は一つの目安の提案として意味がありそうである．

例 3.15 と例 3.16 および目安の提案 3.1 の意味は次の通りである．

ある乱数生成器があり，生成される 0・1 数列の「一様性」が満たされているかどうかを検定するため，なるべく標本の大きさが大（例えば 5,000）である標本をとって $\hat{q}_n$ により検定を行い帰無仮説「一様性」が採択されたとする．暗号の送信に必要な乱数が 200 個であるからといってその 5,000 個の標本の中の 200 個を用いると 0 が 50 個続く部分が含まれていて，暗号の送信においては解読され適さない場合が生じる可能性がある（その 200 個においては「一様性」は棄却）ということである．

【例 3.17】　周期性の検出のため，ピリオドグラムを用いたときの標本の大きさ 2,000 と 200 の結果をシミュレーションで試してみることにする．例 3.15 と同様の方法で作成した 0·1 数列（乱数と見なし，以下「原系列」と呼ぶ）を用いて標本の大きさ 2,000 と 200 についてピリオドグラムを図示したのが図 3.6 と図 3.7 である．横軸は周波数で $[0, 1/2]$ を 100 等分した分点 l（周波数 $l/200$）が示してある．強い周期を検出のため有意水準を $\alpha = 0.01$ とすると自由度 2 のカイ二乗分布（周波数 $\lambda \neq 0, 1/2$）の

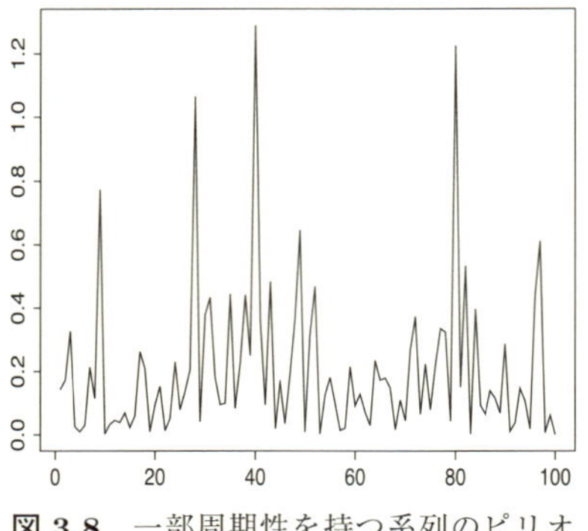

図 3.8　一部周期性を持つ系列のピリオドグラム：標本の大きさは 2,000，1〜150 番目の標本は 11110（周期 5）の繰り返し，151〜2,000 番目の標本は原系列.

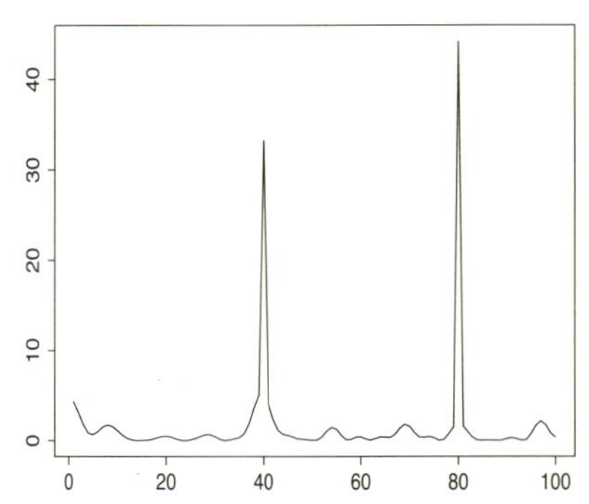

図 3.9　一部周期性を持つ系列のピリオドグラム：標本の大きさは 200，1〜150 番目の標本は 11110（周期 5）の繰り返し，151〜200 番目の標本は原系列.

棄却点（片側検定）d は 9.21034，自由度 1 のカイ二乗分布（周波数 $\lambda = 0, 1/2$）の棄却点（片側検定）d は 6.63490 である．いずれも図の折れ線はこの値以下になっている．

次に強い周期を持つ数列を一部含ませてその周期性の検出を試してみる．5 ビットのパターン 11110 を連続して 30 回繰り返して標本数 150 の数列をつくり，そのあとに原系列の 151 番目からをつなぎ合わせ標本の大きさ $2,000$ の数列をつくる．この数列のピリオドグラムを図示したのが図 3.8 である．この数列の最初の部分 200 個をとり（原系列は 50 個）ピリオドグラムを図示したのが図 3.9 である．標本の大きさ $2,000$ の図 3.8 では強い周期性の検出は困難である（折れ線は棄却点 9.21034 より小）が，標本の大きさ 200 の図 3.9 では周波数軸の分点 40 と 80 で突出した大きな値のピークが現れていて（棄却点 9.21034 より大）これらの周波数は $\dfrac{40}{2 \times 100} = \dfrac{1}{5}$（周期 5）と $\dfrac{80}{2 \times 100} = \dfrac{2}{5}$（周期 2.5）である．標本の大きさ 200 に標本数 150 の強い周期の数列が含まれればピリオドグラムでその周期が検出可能なことを示している．それでは強い周期の部分がどの程度含まれればその周期を検出することが可能であろうか？　標本の大きさ 200 で 5 ビットのパターン 11110 を連続して 20 回繰り返して標

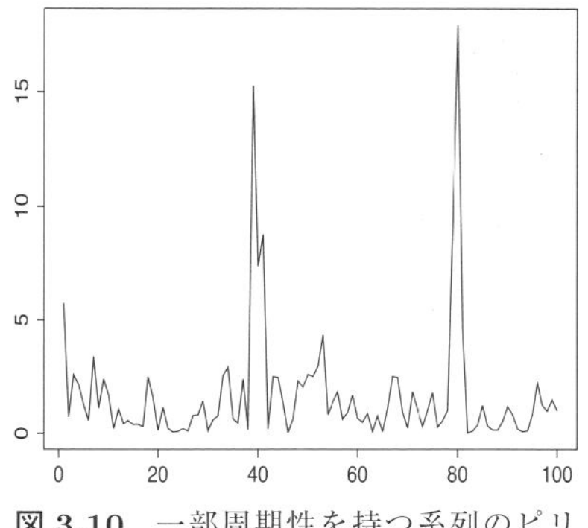

図 3.10　一部周期性を持つ系列のピリオドグラム：標本の大きさは 200，1〜100 番目の標本は 11110（周期 5）の繰り返し，101〜200 番目の標本は原系列．

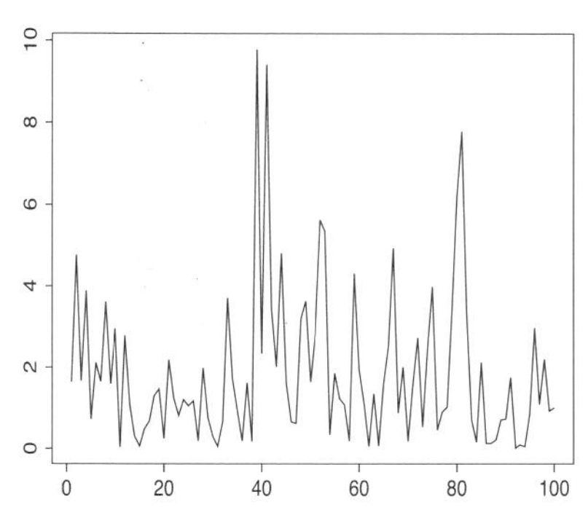

図 3.11　一部周期性を持つ系列のピリオドグラム：標本の大きさは 200，1〜50 番目の標本は 11110（周期 5）の繰り返し，51〜200 番目の標本は原系列．

本数 100 の数列をつくり，そのあとに原乱数の 101 番目からをつなぎ合わせ標本の大きさ 200 の数列をつくり，この数列のピリオドグラムを図示したのが図 3.10 である．この場合にも周期 5 と 2.5 で強い値が出ている．標本の大きさ 200 で 5 ビットのパターン 11110 を連続して 10 回繰り返して標本数 50 の数列をつくり，そのあとに原系列の 51 番目からをつなぎ合わせ標本の大きさ 200 の数列をつくり，この系列のピリオドグラムを図示したのが図 3.11 である．強い周期はかろうじて検出できているが，別の乱数を用いて行った実験では検出できていなかった．この結果は当然パターンと含まれ方によるが，この実験の場合には強い周期の系列が全標本の大きさの 1/4 以上含まれていないとピリオドグラムではその周期の検出がうまくいかないことを示している．

周期の検出がうまくいくかどうかは有意水準，周期性を持つ 0・1 数列の性質，含まれ方等によってかなり異なることが予想される．この例の状況においては，大きさ 2,000 の標本においてピリオドグラムでその周期が検出されず強い周期はないものと見なして，その 0・1 数列の一部分（この例では最初の部分の大きさ 200 の数列）を用いてメッセージの送信に用いる場合，その一部分には強い周期性が存在して 3.4.1 項での考察を考慮に入れると解読に有利な状況が生じる可能性があることを示している．この例のような場合には，小標本（少ない大きさの標本．例 3.16 とも関連させて例えば大きさ 200 の標本）に分割してピリオドグラムでその周期性を検出するという方策を採用するのも一つの方法と考えられる．

第 4 章

二つの0・1数列の和による乱数性の向上

4.1 一様性からのずれ

0 か 1 の値をとる確率変数列 $\{Z_i\}$ をメッセージを暗号化しての送信に用いようとするとき，統計的な解読の意味からは 3.4.1 項と 3.4.2 項でも述べたように「一様性」の仮説 $(P(Z_i = 0) = P(Z_i = 1) = 1/2)$ を厳密に満たしている必要はないようである．しかし 3.4.1 項と 3.4.2 項でも述べたようになるべく一様性に近い形が保たれていた方が種々の点から好都合である．そこでなるべく一様性により近いようにする一つの方策について，以下で述べることにする．

独立に生成された二つの 0・1 数列 $\{Z_{1,i}\}$ と $\{Z_{2,i}\}$ があるものとする．これらは $P(Z_{1,i} = 1), P(Z_{2,i} = 1)$ の値は 1/2 から少しずれていて

$$P(Z_{1,i} = 1) = \frac{1}{2} + \epsilon_{1,i},\ \ P(Z_{1,i} = 0) = \frac{1}{2} - \epsilon_{1,i},$$
$$P(Z_{2,i} = 1) = \frac{1}{2} + \epsilon_{2,i},\ \ P(Z_{2,i} = 0) = \frac{1}{2} - \epsilon_{2,i}$$

であるとする．ここで，$\epsilon_{1,i}, \epsilon_{2,i}$ は実数で $|\epsilon_{1,i}| < 1/2, |\epsilon_{2,i}| < 1/2$ とする．この $\{Z_{1,i}\}$ と $\{Z_{2,i}\}$ を用いて

$$Z_i = Z_{1,i} + Z_{2,i}$$

をつくる．2 進法での和を考えているから 1.1 節でも述べたように Z_i は

0か1の値をとる．このとき

$$
\begin{aligned}
P(Z_i = 1) &= P(Z_{1,i} = 1, Z_{2,i} = 0) + P(Z_{1,i} = 0, Z_{2,i} = 1) \\
&= P(Z_{1,i} = 1)P(Z_{2,i} = 0) + P(Z_{1,i} = 0)P(Z_{2,i} = 1) \\
&= \left(\frac{1}{2} + \epsilon_{1,i}\right)\left(\frac{1}{2} - \epsilon_{2,i}\right) + \left(\frac{1}{2} - \epsilon_{1,i}\right)\left(\frac{1}{2} + \epsilon_{2,i}\right) \\
&= \frac{1}{4} + \frac{1}{2}(\epsilon_{1,i} - \epsilon_{2,i}) - \epsilon_{1,i}\epsilon_{2,i} + \frac{1}{4} - \frac{1}{2}(\epsilon_{1,i} - \epsilon_{2,i}) - \epsilon_{1,i}\epsilon_{2,i} \\
&= \frac{1}{2} - 2\epsilon_{1,i}\epsilon_{2,i}
\end{aligned}
$$

となる．ここにおいて

$$
|2\epsilon_{1,i}\epsilon_{2,i}| < \min(|\epsilon_{1,i}|, |\epsilon_{2,i}|)
$$

である．$P(Z_i = 0)$ についても同様である．このことは独立に作成した二つの0·1数列を加えて新しく0·1数列を作成することにより，0または1の値をとる確率の1/2からのずれをもとの二つの0·1数列のそれぞれのずれより小さくすることができることを示している．以上をまとめると次のようになる．

定理 4.1　独立に生成された二つの0·1数列 $\{Z_{1,i}\}$ と $\{Z_{2,i}\}$ があるものとする．そして

$$
P(Z_{1,i} = 1) = \frac{1}{2} + \epsilon_{1,i}, \quad P(Z_{2,i} = 1) = \frac{1}{2} + \epsilon_{2,i}
$$

とする．ここで，$\epsilon_{1,i}, \epsilon_{2,i}$ は実数で $|\epsilon_{1,i}| < 1/2, |\epsilon_{2,i}| < 1/2$ とする．このとき和

$$
Z_i = Z_{1,i} + Z_{2,i} \tag{4.1}
$$

をつくれば

$$\left|P(Z_i = 1) - \frac{1}{2}\right| < \min(|\epsilon_{1,i}|, |\epsilon_{2,i}|),$$
$$\left|P(Z_i = 0) - \frac{1}{2}\right| < \min(|\epsilon_{1,i}|, |\epsilon_{2,i}|)$$

となる.

定理 4.1 より，2 個に限らず独立に作成した有限個の 0·1 数列がある場合には，それらを次々と加えていくことにより，「一様性からのずれ」のより小さな 0·1 数列が得られていくことになる.

4.2 独立性からのずれ

式 (4.1) における三つの確率変数列 $\{Z_{1,i}\}, \{Z_{2,i}\}, \{Z_i\}$ のそれぞれの系列ごとの異なった i 間の確率変数としての独立性からのずれ（例えば，互いに異なった i_1, i_2, i_3 に対して，$Z_{1,i_1}, Z_{1,i_2}, Z_{1,i_3}$ の値のとり方が独立でない）について検討してみる．K を $K \geq 1$ である任意な整数とする．$\{z_l; 1 \leq l \leq K\}$ をそれぞれが 0 か 1 の値をとる任意な K 個の定数とし，この値から構成される K 次元ベクトルを $\mathbf{z}^{vec} = (z_1, z_2, \cdots, z_K)^t$ とする．相続く確率変数から構成される K 次元ベクトルを

$$\mathbf{Z}_i^{vec} = (Z_i, Z_{i+1}, \cdots, Z_{i+K-1})^t,$$
$$\mathbf{Z}_{1,i}^{vec} = (Z_{1,i}, Z_{1,i+1}, \cdots, Z_{1,i+K-1})^t,$$
$$\mathbf{Z}_{2,i}^{vec} = (Z_{2,i}, Z_{2,i+1}, \cdots, Z_{2,i+K-1})^t$$

と置く．メッセージを暗号化して送信する際に用いる乱数の観点から注目すべき一つの独立性からの乖離は K 次独立 $P(\mathbf{Z}_i^{vec} = \mathbf{z}^{vec}) = (1/2)^K$ からのずれである．これを加える前のそれぞれの K 次独立性からのずれとの関係で調べてみる．3.4.1 項での記号を用いることにする.

a_k $(1 \leq k \leq K)$ は 0 か 1 を表す定数とし $\mathbf{a}^{vec} = (a_1, a_2, \cdots, a_K)^t$ と置く．$\mathbf{a}^{vec}$ の全体を Π_K と表すとき

$$\eta_1 = \max_{\mathbf{a}^{vec} \in \Pi_K} \left| P(\mathbf{Z}_{1,i}^{vec} = \mathbf{a}^{vec}) - \left(\frac{1}{2}\right)^K \right|,$$

$$\eta_2 = \max_{\mathbf{a}^{vec} \in \Pi_K} \left| P(\mathbf{Z}_{2,i}^{vec} = \mathbf{a}^{vec}) - \left(\frac{1}{2}\right)^K \right|$$

との関係で検討してみる．ここで，$\max_{\mathbf{a}^{vec} \in \Pi_K} |U(\mathbf{a}^{vec})|$ は $\mathbf{a}^{vec}$ を Π_K の中の全ての K 次元ベクトルで取り換えたときの $|U(\mathbf{a}^{vec})|$ の最大値の意味である．

$$\eta = \min(\eta_1, \eta_2)$$

と置く．以下 $\eta = \eta_1$ とする．このとき任意な K 次元ベクトル $\mathbf{z}^{vec} \in \Pi_K$ に対し

$$\begin{aligned}
&P(\mathbf{Z}_i^{vec} = \mathbf{z}^{vec}) - \left(\frac{1}{2}\right)^K \\
&\quad = \sum_{\mathbf{a}^{vec} \in \Pi_K} P(\mathbf{Z}_{1,i}^{vec} = \mathbf{a}^{vec}) P(\mathbf{Z}_{2,i}^{vec} = \mathbf{z}^{vec} - \mathbf{a}^{vec}) - \left(\frac{1}{2}\right)^K \\
&\quad = \sum_{\mathbf{a}^{vec} \in \Pi_K} \left(P(\mathbf{Z}_{1,i}^{vec} = \mathbf{a}^{vec}) - \left(\frac{1}{2}\right)^K \right) P(\mathbf{Z}_{2,i}^{vec} = \mathbf{z}^{vec} - \mathbf{a}^{vec}).
\end{aligned}$$

ここで $\sum_{\mathbf{a}^{vec} \in \Pi_K}$ は $\mathbf{a}^{vec}$ を Π_K に属する要素で取り換えて得られた値の全ての和であるが，結局 $\sum_{a_1=0}^{1} \sum_{a_2=0}^{1} \cdots \sum_{a_K=0}^{1}$ を意味する．したがって

$$\begin{aligned}
&\left| P(\mathbf{Z}_i^{vec} = \mathbf{z}^{vec}) - \left(\frac{1}{2}\right)^K \right| \\
&\quad \le \sum_{\mathbf{a}^{vec} \in \Pi_K} \left| P(\mathbf{Z}_{1,i}^{vec} = \mathbf{a}^{vec}) - \left(\frac{1}{2}\right)^K \right| P(\mathbf{Z}_{2,i}^{vec} = \mathbf{z}^{vec} - \mathbf{a}^{vec}) \\
&\quad \le \eta_1. \qquad (4.2)
\end{aligned}$$

式 (4.2) において等号 = は $P(\mathbf{Z}_{2,i}^{vec} = \mathbf{z}^{vec} - \mathbf{a}^{vec}) > 0$ である $\mathbf{a}^{vec}$ に対し

て全て $|P(\mathbf{Z}_{1,i}^{vec} = \mathbf{a}^{vec}) - (1/2)^K| = \eta_1$ が成り立つときのみである．もし，全ての K 次元ベクトル $\mathbf{b}^{vec} \in \Pi_K$ に対して $P(\mathbf{Z}_{2,i}^{vec} = \mathbf{b}^{vec}) > 0$ が成り立ち，$|P(\mathbf{Z}_{1,i}^{vec} = \mathbf{a}^{vec}) - (1/2)^K| < \eta_1$ である K 次元ベクトル $\mathbf{a}^{vec}$ が一つでも存在すれば式 (4.2) は不等号 $<$ である．以上をまとめると次のようになる．

定理 4.2　$\eta_1 \leq \eta_2$ とする．もし，全ての K 次元ベクトル $\mathbf{b}^{vec}$ に対して $P(\mathbf{Z}_{2,i}^{vec} = \mathbf{b}^{vec}) > 0$ が成り立ち，$|P(\mathbf{Z}_{1,i}^{vec} = \mathbf{a}^{vec}) - (1/2)^K| < \eta_1$ である K 次元ベクトル $\mathbf{a}^{vec}$ が少なくとも一つ存在するとする．このとき全ての K 次元ベクトル $\mathbf{z}^{vec}$ $(\mathbf{z}^{vec} \in \Pi_K)$ に対し

$$\left| P(\mathbf{Z}_i^{vec} = \mathbf{z}^{vec}) - \left(\frac{1}{2}\right)^K \right| < \eta_1$$

となる（ずれの最大値が小さくなる）．

このことは，

$$\max_{\mathbf{a}^{vec} \in \Pi_K} \left| P(\mathbf{Z}_i^{vec} = \mathbf{a}^{vec}) - \left(\frac{1}{2}\right)^K \right| < \eta_1 = \min(\eta_1, \eta_2)$$

を意味する．二つの $0 \cdot 1$ 数列を加えて新しい $0 \cdot 1$ 数列を作成することにより，相続いて出現する K 個の値の同時出現確率の $(1/2)^K$ からのずれの最大値をもとのものより小さくすることができることを示した．

一般的に $0 \cdot 1$ 数列 $\{Z_i\}$ の相続いて出現する K 個の値の同時出現確率の $(1/2)^K$ からのずれを

$$\max_{\mathbf{a}^{vec} \in \Pi_K} \left| P(\mathbf{Z}_i^{vec} = \mathbf{a}^{vec}) - \left(\frac{1}{2}\right)^K \right| < \epsilon_K \tag{4.3}$$

とするとき，これの送信信号 $X_i = \xi_i + Z_i$ への影響を調べてみる．ここで，ϵ_K は正の実数である．小さな値を想定している．任意な K 次元ベクトル $\mathbf{x}^{vec} \in \Pi_K$ に対し，

$$
\begin{aligned}
&\left| P(\mathbf{X}_i^{vec} = \mathbf{x}^{vec}) - \left(\frac{1}{2}\right)^K \right| \\
&\quad = \left| \sum_{\mathbf{a}^{vec} \in \Pi_K} P(\mathbf{Z}_i^{vec} = \mathbf{a}^{vec}, \boldsymbol{\xi}_i^{vec} = \mathbf{x}^{vec} - \mathbf{a}^{vec}) - \left(\frac{1}{2}\right)^K \right| \\
&\quad = \left| \sum_{\mathbf{a}^{vec} \in \Pi_K} \left(P(\mathbf{Z}_i^{vec} = \mathbf{a}^{vec}) - \left(\frac{1}{2}\right)^K \right) P(\boldsymbol{\xi}_i^{vec} = \mathbf{x}^{vec} - \mathbf{a}^{vec}) \right| \\
&\quad \leq \sum_{\mathbf{a}^{vec} \in \Pi_K} \left| P(\mathbf{Z}_i^{vec} = \mathbf{a}^{vec}) - \left(\frac{1}{2}\right)^K \right| P(\boldsymbol{\xi}_i^{vec} = \mathbf{x}^{vec} - \mathbf{a}^{vec}) \\
&\quad < \epsilon_K
\end{aligned}
$$

となり，任意な $(a_1, a_2, \cdots, a_K)$ に対して $\{Z_{i+l-1} = a_l; 1 \leq l \leq K\}$ の値のとり方が一様で独立に近ければ（ϵ_K が小さい場合），$\{X_{i+l-1} = x_l; 1 \leq l \leq K\}$ の値のとり方も一様で独立に近くなることを示している．

参考文献

[1] Brockwell, P. J. and Davis, R. A. (1991). *Time Series: Theory and Methods*(2nd Ed.), Springer-Verlag.

[2] Conover, W. J. (1972). A Kolmogorov goodness-of-fit test for discontinuous distributions, *Journal of the American Statistical Association*, **67**, 339, 591–596.

[3] Gibbons, J. D. and Chakraborti, S. (2010). *Nonparametric Statistical Inference*(5th Ed.), Chapman & Hall/CRC.

[4] Guibas, L. J. and Odlyzko, A. M. (1981). String overlaps, pattern matching, and nontransitive games, *Journal of Combinatorial Theory*, **30**, 2, A, 183–208.

[5] I. ガットマン，S. S. ウイルクス（石井恵一，堀素夫訳）(1968). 工科系のための統計概論，培風館.

[6] 廣瀬勝一 (2003). 擬似乱数生成系の検定方法に関する調査，調査報告書，CRYPTREC 技術報告書，PDF0207.

[7] ポール G. ホーエル（浅井晃，村上正康訳）(1981). 初等統計学，培風館.

[8] 藤井光昭他 (2006). 暗号に用いる乱数の統計的仮説検定，日本統計学会誌，**35**，2，181–199.

[9] 伊藤清 (2004). 確率論の基礎，新版，岩波書店.

[10] 金子敏信 (2004). 擬似乱数生成系の検定方法に関する調査，調査報告書，CRYPTREC 技術報告書，PDF0211.

[11] Marsaglia, G., DIEHARD Statistical Tests: `https://webhome.phy.duke.edu/~rgb/General/dieharder.php`.

[12] 間瀬茂，神保雅一，鎌倉稔成，金藤浩司 (2004). 工学のためのデータサイエンス入門，フリーな統計環境 R を用いたデータ解析，数理工学社.

[13] 松縄規 (1982). カイ二乗分布をめぐって，統計数理研究所彙報，**29**，2，109–128.

[14] 丹羽朗人，栃窪孝也 (2004). 擬似乱数検証ツールの調査開発，数理解析研究所講究録，**1351**，80–93.

[15] 岡本栄司 (2002). 暗号理論入門，第 2 版，共立出版.

[16] Rukhin, A., et al. (revised: Bassham III, L. E.) (2010).*A statistical test suite for random and pseudorandom number generators for cryptographic appli-*

cations, NIST Special Publication 800-22, Revision 1a, Technology Administration, National Institute of Standards and Technology, U.S. Department of Commerce.

[17] Stephens, M. A.(1974). EDF statistics for goodness of fit and some comparisons, *Journal of the American Statistical Association*, **69**, 347, Theory and Methods Section, 730-737.

[18] Takeda, Y., Huzii, M., Watanabe, N. and Kamakura, T. (2014). Modified non-overlapping template matching test and proposal on setting template, *Journal of the Japanese Society of Computational Statistics*, **27**, 1, 49-60.

[19] Takeda, Y., Huzii, M., Watanabe, N. and Kamakura, T. (2017). An improved method for identification of patterns in the non-overlapping template matching test, *Journal of the Japanese Society of Computational Statistics*, **30**, 15-25.

[20] 竹内啓（編集委員代表）(1989). 統計学辞典, 東洋経済新報社.

[21] 辻井重男 (2012). 情報社会・セキュリティ・倫理, 電子情報通信レクチャーシリーズ, コロナ社.

[22] 脇本和昌 (1970). 乱数の知識, 初等情報処理講座 **5**, 森北出版.

[23] Yamaguchi, A., Seo, T. and Yoshikawa, K. (2010). On the pass rate of NIST statistical test suite for randomness, *JSIAM Letters*, **2**, 123-126.

索　引

〈著者紹介〉

藤井光昭（ふじい みつあき）

1959 年　京都大学理学部数学科卒業
現　在　東京工業大学名誉教授
　　　　理学博士
専　門　統計学
著　書　『近代統計学小辞典』（共編）（春秋社，1968）
　　　　『時系列解析』（コロナ社，1974）
　　　　『統計学辞典』（共編）（東洋経済新報社，1989）ほか

統計学 One Point 7
暗号と乱数
—乱数の統計的検定—
Random Numbers and Cryptographic Applications

2018 年 4 月 15 日　初版 1 刷発行

検印廃止
NDC 417.6, 007.1

ISBN 978-4-320-11258-2

著　者　藤井光昭　© 2018
発行者　南條光章
発行所　**共立出版株式会社**
〒112-0006
東京都文京区小日向 4-6-19
電話番号　03-3947-2511（代表）
振替口座　00110-2-57035
http://www.kyoritsu-pub.co.jp/

印　刷　大日本法令印刷
製　本　協栄製本

一般社団法人
自然科学書協会
会員

Printed in Japan

JCOPY <出版者著作権管理機構委託出版物>
本書の無断複製は著作権法上での例外を除き禁じられています．複製される場合は，そのつど事前に，出版者著作権管理機構（TEL：03-3513-6969，FAX：03-3513-6979，e-mail：info@jcopy.or.jp）の許諾を得てください．

編集委員：白鳥則郎（編集委員長）・水野忠則・高橋　修・岡田謙一

未来へつなぐ デジタルシリーズ

ネットワークセキュリティ

高橋　修［監修］

関　良明・河辺義信・西垣正勝・岡崎直宣・岡崎美蘭・本郷節之・岡田安功［著］

インターネットを利用する上で，ネットワークセキュリティを学ぶことは今後IoTを含む情報システムの研究・開発・実用化を行う上で必須になっている。本書は，線形代数学，情報ネットワーク，アルゴリズムとデータ構造，オペレーティングシステムに関する基本的な知識を有する情報系学科・コースの３年生を想定して，ネットワークセキュリティを体系的に学習する事を前提に，技術要素，実システム，関係する法律などに関して具体的な事例を取り上げながら解説している入門書である。

B5判・272頁・定価（本体2,800円＋税）
ISBN978-4-320-12356-4

共立出版

http://www.kyoritsu-pub.co.jp/
https://www.facebook.com/kyoritsu.pub

●目次●

第１章　ネットワークセキュリティ序説
インターネットの発展と潜在する脅威／具体的な脅威

第２章　古典的な暗号
準備／転置暗号／換字暗号

第３章　共通鍵暗号
はじめに：古典暗号から現代暗号へ／DES／DESに対する解読法／トリプルDES／AES／暗号アルゴリズムの適用

第４章　公開鍵暗号（１）―基本的な考え方
はじめに：共通鍵の問題／公開鍵暗号のアルゴリズム（RSA）／ハイブリッド暗号

第５章　公開鍵暗号（２）―デジタル署名と公開鍵の配送
デジタル署名／公開鍵の配送について

第６章　ユーザ認証
ユーザ認証とは／ユーザ認証の仕組み／認証情報／ユーザ認証に対する脅威／ユーザ認証の強化／CAPTCHA

第７章　組織内ネットワークのセキュリティ
組織内ネットワーク／ネットワーク機器におけるセキュリティ対策／ファイアウォールと侵入検知システム／無線LANのセキュリティ

第８章　インターネットのセキュリティ
インターネットにおけるセキュリティ／Webにおけるセキュリティ／電子メールにおけるセキュリティ／仮想プライベートネットワーク／他

第９章　情報セキュリティマネジメント
情報セキュリティマネジメントとは／情報セキュリティマネジメントの考え方／情報セキュリティマネジメント体制の構築／他

第10章　プライバシーの保護と情報セキュリティの確保
プライバシーの保護と情報セキュリティの確保とは／プライバシー権の起源と発達／プライバシーを保護するための国際的な取り組み／他

第11章　日本の情報セキュリティ法
日本の情報セキュリティ法とは／電子署名及び認証業務に関する法律／情報セキュリティを確保する個別の法律／著作権法／他

（価格は変更される場合がございます）